北京市科学技术委员会
科普专项资助

太空生存

SURVIVAL IN SPACE

刘　红　编著

徐江华　徐　雷　绘图

北京航空航天大学出版社
BEIHANG UNIVERSITY PRESS

图书在版编目（CIP）数据

太空生存 / 刘红编著. -- 北京：北京航空航天大
学出版社, 2018.2（2020.8重印）
ISBN 978-7-5124-2616-0

Ⅰ. ①太… Ⅱ. ①刘… Ⅲ. ①空间探索 - 青少年读物
Ⅳ. ①V11-49

中国版本图书馆CIP数据核字(2018)第003844号

太空生存

刘 红 编著

徐江华 徐 雷 绘图
责任编辑：陈守平

＊

北京航空航天大学出版社出版发行

北京市海淀区学院路37号(邮编100191) http://www.buaapress.com.cn
发行部电话：(010)82317024 传真：(010)82328026
读者信箱：goodtextbook@126.com 邮购电话：(010)82316936
保定市正大印刷有限公司印装 各地书店经销

＊

开本：710×1000 1/16 印张：7.25 字数：100千字
2018年3月第1版 2020年8月第3次印刷
ISBN 978-7-5124-2616-0 定价：49.00元

序

　　"地球是人类的摇篮，但是人类不能永远生活在摇篮里。"冲出地球，探索茫茫太空，寻找新的家园，这是人类亘古不变的梦想，更是无数航天人孜孜以求的目标。

　　随着航天技术的发展，人类已经成功实现了登月的壮举，并对月球、火星、小行星展开了一轮又一轮的探测。毋庸置疑，人类对许多星球探测的最终目标是建立基地，开发利用星球上的资源，并实现在地球外星球上的长期生存，为人类开辟更为广阔的生存空间。然而瑰丽的梦想代替不了严酷的现实。即使离地球最近的月球，与地球最相似的火星，也不具备人类生存必需的天然条件。跨出地球，首先必须解决人类在地球外的长期生存问题，而生物再生生命保障系统就是人类实现在星球基地长期自治生存的关键技术。

　　生物再生生命保障系统技术复杂，难题众多。俄罗斯、美国及一些国际组织早在 20 世纪六七十年代就先后投入大量人力、物力开展研究，建立了"人 – 植物"两生物链环人工生态系统，正在向包含动物和微生物的三生物链环和四生物链环系统发展。我国虽然起步较晚，但在刘红教授团队的不懈努力下，发展了生物再生生命保障系统理论，突破了一系列具有自主知识产权的关键技术，并将其集成在地基实验系统"月宫一号"中，先后开展了"月宫 105"和"月宫 365"密闭实验，演示验证了所建立的理论和技术的可行性，实现了闭合度和生物多样性更高的"人 – 植物 – 动物 – 微生物"四生物链环人工闭合生态系统的长期稳定循环。这无疑是具有重要理论和实践意义的一大步。

　　科技创新、科学普及是实现创新发展的两翼。没有全民科学素质普遍提高，就难以建立起宏大的高素质创新大军。刘红教授及其团队在致力于科学研究的同时，也一直热心于传播普及生命保障系统的相关知识。本书以生动有趣的故事将最新取得的深奥的太空探测生命保障理论和技术成果中的知识"串"起来，故事简单有趣，语言通俗易懂，有助于激发青少年对航天科学技术的兴趣，普及航天生命保障知识，同时启发人们深入思考自己在实现地球可持续发展和人类在地球上长期生存中的责任和义务。

　　我相信，读者可以从这本有趣的科普书中汲取准确而有益的知识养分，更期望能以此为发轫点，投身于人类探测太空、开发太空的伟大事业中去！

中国探月工程总设计师
中国 工 程 院 院 士　　　吴伟仁

2018 年 2 月 26 日

航航（男，中学生，15岁）　　　蓓蓓（女，中学生，15岁）　　　教授（女，50岁）

飞　飞（空间站的机器人）　　　月　月（月球基地机器人）　　　小火星（火星基地机器人）

目录

CONTENTS

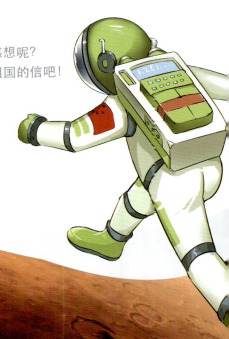

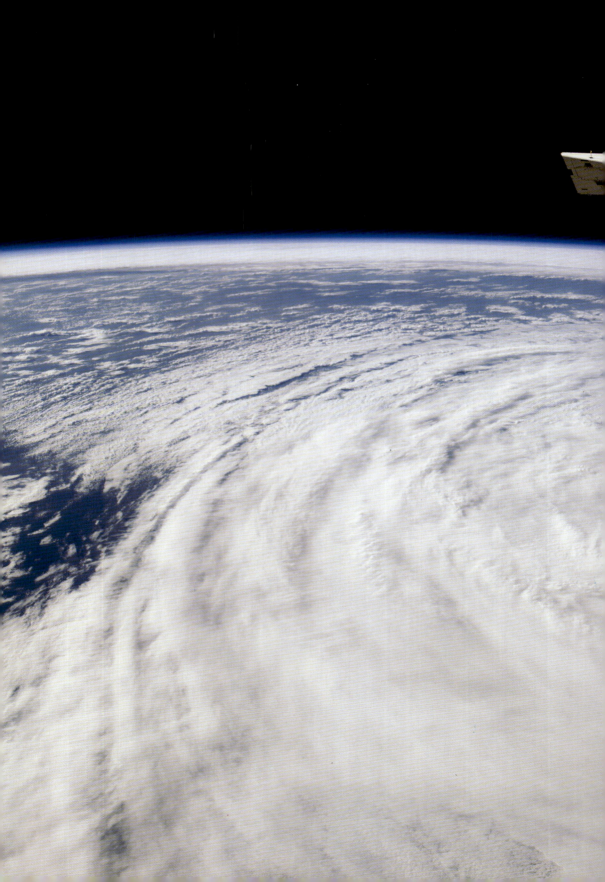

第 1 章　未来的课堂

60 年后，学生们还去学校上学吗？未来的课堂是什么样子的？老师如何教？学生如何学？

自动驾驶模式，目的地是我的学校，
我再睡会儿

"醒一醒，蓓蓓，快醒一醒……姐姐已经上学去了，你再不起就要迟到了！"厨房传来妈妈的呼喊。

"急什么呀……才几点啊，让我再睡一会……"

含糊不清的言语从这个半睡半醒的小姑娘嘴里传了出来，顺带一些莫名的口水流出。不管时代如何的进步，科技多么迅猛地发展，人类对于自身睡眠的渴望却从未停止，当然这种渴望会随着年纪的增大而逐渐消退，然而眼下，这种渴望很明显正处于一个顶峰。

她叫刘佳蓓，今年初中三年级，乱糟糟的头发在青春期懵懂女生中有些格格不入，毕竟这个年纪的少女们已经有了对美的些许认识，虽不完善，但是其在镜子前认真的态度也足以令自己在若干年后回想起来感到汗颜。在妈妈言语的不断"激励"下，她终于挣扎着从床上爬起，一看表，才发现要迟到了。在厨房匆匆吃了几口妈妈做的早饭，就背着包出门了，一步跳上了自己的小艇，按设定好的地点，切换到无人驾驶模式，这样保证自己还能再小睡一会儿。

这是 2079 年一个平凡的早上，春天惬意的阳光依旧温暖地洒向地面，这个发光体的能量给人感觉似乎永远也用不完，街上的飞艇川流不息，全在自己设定的路线上飞快行驶。

5 分钟，从城南的家疾驰到城北的目的地——"朔方大厦"。刘佳蓓的学校在这座大厦的 120 层。人类人口的不断膨胀直接影响到整个城市的规划，迫使一些小学校不得不搬到这些摩天大楼中。另一方面，教育的全面普及重新定位了学校的职能和规模，现在每个中学最多也就 100 人左右，学生充分享有自己未成年时所享有的权利，可以自由地选择学校和老师，大数据时代的演变已经不单单局限在学校之间，而是整个城市，整个国家，整个地球。你可以看到全世界与你同龄的人们都在学习些什么，学校的课程也更加多样化，除了几门必修的之外，其他的课程全都按照兴趣自由选择，结果五花八门，有人喜欢分子原子的精益求精，就有人喜欢天文宇宙的广袤无垠，有人痴迷古代历史，就有人醉心前沿科技……

航航用自制的超级润滑剂恶作剧

刘佳蓓语音停下自动驾驶程序。学校停车场碳纤维的缆绳牵引着大大小小的飞艇悬停在空中。刘佳蓓一进到教室，突然脚下一滑，仰面摔倒，有几个学生哄堂大笑，其中一个领头的男生笑得尤其夸张，不用想也知道这是王嘉航。

　　"怎么样，我调配的神奇药水怎么样？"这是一种透明的高分子溶液，是昨天王嘉航在化学课上自己聚合成的，花了他不少时间，倒在地上以后，原先具有防滑和自清洁功能的地板变得异常光滑。

　　尽管刘佳蓓的鞋也用了特殊的防滑涂层，但仍然免不了这飞来的"横祸"。好在她的衣服也是用特殊纤维做的，有很好的缓冲效果，能保证她摔到地上一点都不疼。只是作为被恶作剧捉弄的女主角，她本就脆弱的少女心又感受到了一些"伤害"。

　　"王嘉航，你今天又闲得无聊了，是不是？"刘佳蓓咆哮着。

　　"嘿，蓬蓬头，是你走路不小心，还怪我？"男孩慢悠悠地反驳道。

　　"这是公共场合，你信不信我揭发你随意乱扔垃圾？！"

　　在这个年代，垃圾有上百种的分类，乱丢垃圾是要负法律责任的。凡是超过六岁的公民都需要严格遵守垃圾分类的法律法规。

　　"行了……行了……你那么认真干什么？"王嘉航边说边拿出一只特殊的手套带上，通过光线透过的强弱变化，隐约可见那些透明的液体都被吸附到了这只手套上，然后连同手套一起装到了一个袋子里。

　　一阵舒缓的音乐响起，其旋律令人如沐春风，不自觉使大家都安静下来。这是开始上课的信号。

　　说是上课，其实更像是一个大的"party"，每两个学生由一名老师带领，教学的内容完全是按照自己的兴趣而开展的。当然，每天自己的搭档都会不一样。很多课程需要老师们一边讲解一边和学生们一起做实验，为了培养孩子们的团队合作精神，一般都是两个人一组搭档。

　　其实，远程教育早已相当发达，足不出户就可以听到世界上任何一个地方、任何一所学校的课程，国家的概念已经淡化，地域的分界也没有那么泾渭分明，在同一个地球村里的学生们接受知识的

教授、蓓蓓和航航在生物课教室

机会都是平等的，教育更加回归到它的本真。但是家长们仍然希望自己的孩子到学校里来，这就像一个约定俗成的传统，没有人想去改变它，也不会有人去做这样的改变。

今天，刘佳蓓选听的是生物课，这是她一直喜欢的课程，接触生物这门学

科后，她发现自己就像刚出生的孩子一样，对周围的一切都充满着好奇。地球是怎么形成的？人是怎么来的？……这些人类历史中"折磨"过无数人的问题现在又在"折磨"这个小姑娘的脑袋。当然，大部分的问题随着每天的学习而慢慢地有了答案，但是又会涌现很多新的问题，"才下眉头却上心头"，不断地寻找问题的答案，这或许就是人类一直学习的原因了。

刘佳蓓兴奋地来到生物课专属的虚拟教室，一进去就发现自己今天的搭档竟然是那个家伙，那个从刚才摔倒开始她就在心里默默诅咒的——王嘉航。

"教授，我申请换搭档！"教授来自于北航大学，义务在中学承担一些课程。

教授一头雾水，但凭借自己的经验和对两个孩子"仇视"目光的判断，大概也能猜出个十之八九。

"好了，蓓蓓和航航，今天的课程十分有趣哦，我们要一起来一段冒险的旅行呢！"在学校里，教授早已知道学生的各项数据，包括个人喜好和生活习惯，课堂上教授是可以直接称呼学生的乳名的。

"好哎，可以自己开飞艇出去玩咯！"航航兴奋地说。

"就知道玩……"虽然蓓蓓内心也很想出去玩，但是刚刚那场闹剧引发的怒气还未消除，只能这样窃窃嘟囔一句。

"教授，我们去哪呢？"航航又迫不及待地问道。蓓蓓的眼里对这个问题也透着好奇的目光。

"今天呀，老师打算带你们去……月球和火星！"

"月球！""火星！"蓓蓓和航航诧异道。

"可是我们的小飞艇飞不到吧？再说我也没有带我的太空服啊！"航航抢先说道。

这张月球的西半球照片
是美国 NASA 的"伽利
略"号于 1992 年 12 月
9 日上午 9 点 35 分拍摄
的。图片中心是东方盆地
（Orientale Basin）

2005 年 10 月 28 日，哈勃望远镜拍摄的火星沙尘暴照片

宇航服早已成为了普通老百姓众多衣物中一件不起眼的衣服了，只是换了一个名字："太空服"。

头盔

照明灯

电控台，包括照明、数码管控、机械式压力表等9个开关

气液组合插座，用轨道舱舱载气源为航天员供气

手掌部分为灰色的橡胶颗粒

2根安全系绳，与轨道舱外的把手相连，内有弹簧，可承受1吨的力

面窗
背包

内部集成了氧瓶、净化装置、水升华器、液路系统等

可为航天员舱外活动提供至少 **4** 小时生命安全和工效保障

电脐带，与轨道舱内部设备连接，一用于航天员的通讯，二作为安全系绳的备份

气液控制台，集成了供氧、液温调节的多个阀门

总重量：**120** 千克
造价：约 **3000** 万元人民币

我国研制的"飞天"舱外航天服示意图

"笨蛋，肯定不是开我们的小艇去啊，那速度也太慢了！"蓓蓓说道。

"你们忘了？我们学校可是有自己的太空飞船呢。"教授缓缓地说道。

这几年，各地政府都更加重视教育，对学校硬件的投入和支持都十分巨大。人们越来越意识到在整个时间和空间的维度里，恐怕只有知识才是永恒的。

"今天我就带你们使用最小的那一个飞船来一场太空旅行。在开始漫游太空之前，我们先进入今天生物课的主题吧。今天我们学习——生命保障。"

这时候他们两个人的数字桌面上就出现了生命保障的解释：

■ **生命保障**是载人航天的一项关键技术。人类离开地球，在遥远的太空中生存，离不开空气、水和食物，生命保障就是保证人所需物质供给，并提供适宜的生活环境和工作环境的综合性科学技术。

生命保障技术的发展最直接体现在生命保障系统的进步上。

■ **太空生命保障系统**是满足人在太空生存所需的氧气、水和食物的需求，并对其产生的废物进行有效处理或处置的系统。

太空生命保障系统分为携带式和再生式两大类。

■ **携带式生命保障系统**，顾名思义是指人在太空生存所需的氧气、水和食物全部通过地面携带满足供给，同时对人所产生的废物进行收集储存，而对人呼吸产生的二氧化碳从空气中分离净化的系统。

■ **再生式生命保障系统**是指对人在太空生存所需的氧气、水和食物，在原位进行部分或者全部循环再生的系统。

■ **再生式生命保障系统又可以分为：**

　　①物理化学再生生命保障系统；

　　②生物再生生命保障系统；

　　③物理化学再生和生物再生相结合的生命保障系统。

■ **物理化学再生生命保障系统**是采用物理化学的方法对人在太空生存所需的氧气、水进行循环再生，食物全部通过地面携带满足供给的系统。

■ **生物再生生命保障系统** (Bioregenerative Life Support System, BLSS) 是基于生态系统原理将生物技术与工程控制技术有机结合，构建由植物、动物、微生物组成的人工生态系统，氧气、水和食物这些人类生活所必需的物质可在系统内循环再生，并为人类提供类似于地球生物圈的生态环境，是为航天人生命活动提供物质保障的独立、完整、复杂的系统。航天人进入这个人工生态系统中，成为生态系统的消费者链环的同时发挥控制者的功能，实现在一定的密闭空间内人和其他生物之间氧气、水和食物的再生与循环利用。

食物、水、氧气

二氧化碳

光照

食物、氧气、水

二氧化碳

植物性废物、氧气

基质、二氧化碳、水

食物

动物代谢废物

微藻

人体代谢废物

微生物、蚯蚓

生物再生生命保障系统原理图

看完定义后，教授说："那么，蓓蓓和航航，你们说人类在宇宙中如何'生活'？对，是生活。要保障长时间的、高质量的生活，人们该怎么办呢？"

"很简单呀，直接给他们带着吃的就可以了呀！"蓓蓓和航航说道。

"带着是一种办法，但你们也知道现在月球上住了上万人，这么多人长期居住，得带多少食物呢？这还不算其他的生活必需品。"教授补充道。

"再想想还有没有其他办法呢？"

蓓蓓和航航陷入了沉思，很显然，他们的小脑袋还暂时想不到一种很好的解决办法。

教授也看出来了这一点，但还是想让孩子们先畅想一会儿。

过了一会儿，教授开始正式说道：

"从地面运送补给，如果进行大规模和远距离的深空探测，不但成本高昂，还有可能失败，一旦失败后果不堪设想。那么，我们刚才了解的生命保障系统就要发挥出作用了。如果采用生物再生生命保障系统，航天员对外界的依赖将大大减小。因为，在太空舱室内，氧气、水和食物能够通过生物技术再生。"

"深空探测生命保障系统极其复杂，研发难度极高，但具有意义深远的应用前景，俄罗斯、美国、日本和欧洲等航天大国及组织在 20 世纪 60 年代开始投入大量人力、物力、财力开展此项研究工作。"

在数字化桌面上学习生物再生生命保障系统的基本知识

俄罗斯的 BIOS-3 系统的外景照片

　　这时全数字化的桌面也不断变换着场景，孩子们可以一边听教授讲课，一边及时和生动地了解教授讲话的内容和对象。

　　"我们就一起来了解一下，生物再生生命保障系统的发展历程吧！"

　　数字教室应用虚拟现实的技术，其景象也在变换着，与教授说话的内容相匹配。

　　"在 20 世纪 60 年代初期，位于莫斯科的俄罗斯科学院生物医学问题研究所在国际上首先组织了专门的部门开展封闭 BLSS 设计和空间应用研究。该研究所将单细胞藻类纳入系统，进行了世界上第一次深空探测生命保障系统试验。俄罗斯科学院西伯利亚分院生物物理研究所 (IBP) 建造了世界上第一座用于研究生物再生生命保障系统的大型地基综合试验装置——BIOS-3 系统。分别于 1972 年、1976 年和 1983 年冬天利用 BIOS-3 装置进行 2~3 人 4~6 个月的系统试验。BIOS-3 系统为植物和人构成的两生物链环系统，系统闭合度为 95%。系统可提供植物性食物，动物性食物全部由外源提供，固体废物干化后焚烧处理或排出系统外。此后的 20 年里俄罗斯学者一直在致力于研究适用

美国 NASA 的装置 BPC 的
外部和内部图

于密闭系统中植物不可食用生物量（枯叶、秸秆等）和人体排泄物的生物处理
方法。"

"20 世纪 60 年代，美国国家航空航天局（NASA）首次召开关于 BLSS
研究的研讨会，BLSS 正式进入 NASA 的视野。1979 年，NASA 启动了'受
控生态生命保障系统计划 (Controlled Ecological Life Support System(CELSS)
Program)'。肯尼迪航天中心建立了著名的生物量生产舱 (BPC)。1995—1997
年，约翰逊航天中心开展了'月球 / 火星生命保障试验计划 (Lunar–Mars Life
Support Test Project, LMLSTP)'，进行了 4 人为期 90 天的集成生物 – 物化
结合式密闭试验。2010 年，NASA 开始组织建立深空居住舱工程 (HDU–DSH)，
分阶段进行了一系列有人参与的物质循环试验。除了美国官方外，美国私人的
太空移民热潮也推动了生物再生生命保障系统的研究发展。1986 年，美国富豪
爱德华·巴斯（Edward. Bass）出资兴建了位于亚利桑那的'生物圈 2 号'。
2004 年，部分生物圈设计与参加者又建立了'植物 – 土壤'密闭试验系统——
'生物圈实验室'。"

"欧洲宇航局设立了微生态生命保障系统（Micro-Ecological Life Support System Alternative, MELiSSA）研究计划，科研人员将此系统作为一个模型，用于研究长期空间任务中生命保障系统的物质循环。此工程启动于 1989 年，参与实验的有 5 个独立的组织，4 个相关成员国和欧空局。第一代 MELiSSA 试验开始于 1995 年 11 月，第二代 MELiSSA 试验设备建造于 2006—2007 年，之后的 2 年内，这些部件首先被独立地检测、定性和性能优化，而后被逐渐连接到一起，开展等比例仿真实验。他们选择 40 只老鼠作为简单而典型的消费者和排泄物的生产者来模拟人类。老鼠的排泄物被用作发酵基质，同时研究了螺旋藻作为食物的可接受性和作为 MELiSSA 生态系统中消费者食物的适宜性。16 周的实验表明螺旋藻可以为老鼠提供 40% 的食物。"

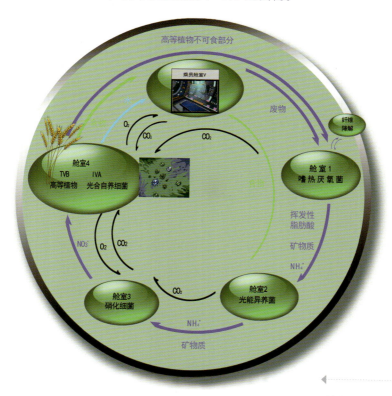

欧洲宇航局的微生态生命保障系统

　　"随着载人航天技术的不断完善，我们的邻国日本也认识到在地外星球建立生存空间是未来人类航天事业发展的重要方向。于是密闭生态实验系统（Closed Ecology Experiment Facilities, CEEF）应运而生，它是由日本环境科学研究院下属的 CEEF 国际委员会负责筹划、施工、运作和管理的。坐落于本州岛青森县六所村的 CEEF 经历了方案筹划（1988 年）、方案确定（1993 年）、施工修建（1994 年）和完工验收（1998 年）四个阶段。2005 年 9 月进行了三次包括山羊、23 种作物和两名受试人员在内的为期 1 周的联合实验，利用山羊消耗系统内作物的枯叶、秸秆，同时将羊奶作为受试人员的部分动物蛋白来源，主要研究了植物、动物模块和人之间的元素迁移交换关系。同时，核能为日本提供着 30% 的电能，为防止核泄漏事故再次发生，日本政府高度重视放射性核废物的处置问题，在青森县洛卡石村便建有一个核燃料处理中心。由于少量 ^{14}C 会从此处理厂泄露出来，从而参与地球物质循环，危害人类健康和自然生态，所以日本利用此系统，也花费了大量资金研究 ^{14}C 在自然生态系统中的转移和累积情况。"

日本的 CEEF 系统

　　"我们国家在生物再生生命保障系统领域虽然起步较晚，但是发展得较快。北京航空航天大学刘红教授团队经过10年的不懈努力于2013年10月研制出我国第一个、世界上第三个空间基地生物再生生命保障系统地基综合实验装置——'月宫一号'，2014年5月20日完成了我国首次长期多人高闭合度密闭实验（105天），系统总闭合度达到了97%。建立了具有自主知识产权的BLSS技术体系。在世界上首次实现了'人－植物－动物－微生物'四生物链环系统，与国际同类系统相比，'月宫一号'在系统的闭合度和稳定性上达到当时世界上最好水平。2018年5月在'月宫一号'又完成了世界上持续时间最长、闭合度最高的'月宫365'实验，4人1年密闭实验，为我们今天在月球、火星上长期生活奠定了理论和技术基础。"

　　教授开玩笑地对孩子们说："蓓蓓和航航，你们的名字组在一起，谐音就是北航呀！"

　　蓓蓓和航航听完之后都很高兴，感觉好像肩负着什么使命似的，更加兴奋。

北京航空航天大学的"月宫一号"

　　北京航空航天大学的"月宫一号"的全称是"空间基地生物再生生命保障系统地基综合实验装置"。研制它的目的是探索人类在太空如何自给自足，获得长期生活所需的氧气、水和食物。"月宫一号"把生物技术与工程控制技术有机结合，构建了一个由植物、动物、微生物组成的类似地球生态环境的人工闭合生态系统，人类生活所需的物质，如氧气、水和食物，都可以在系统内循环再生。

　　"月宫一号"由1个综合舱和2个植物舱组成，总面积150平方米，总体积500立方米，最多可开展4人的生命保障实验。

　　我们详细介绍一下"月宫一号"第一次实验吧，这可是我们国家的第一次长期高闭合度密闭实验。这次实验启用了2个舱：一个植物舱和一个综合舱。它们是完全密封的，与外界不发生气体交换。综合舱有42平方米，包括居住间、人员交流和工作间、洗漱间、废物处理和昆虫间。植物舱有58平方米，植物分3层立体栽培，种植面积有69平方米，分隔为2个植物间，可以根据不同植物生长需要独立控制环境条件。

实验中种植的植物以及动物和人的日常生活，都会通过蒸腾和蒸发产生水蒸气，水处理系统把水蒸气转化为冷凝水，使"月宫一号"每天可以得到300升冷凝水。净化后的水一部分用于人的生活用水，另一部分与生活废水、尿液一起用于植物栽培。3个人一天需要用水大约75升，因此生活用水绰绰有余。2014年2月3日"月宫一号"封舱时，舱内以各种形式存在的水约2.5吨，105天中舱内的动植物和3个人的用水全靠这些水循环供给。

"月宫一号"3D设计图

综合舱里人、动物和废物处理产生的富二氧化碳空气，经过净化后送达植物舱，供植物光合作用；植物舱产生的富氧空气，经空气净化后送到综合舱供人和动物呼吸，并提供废物处理所需的氧气。植物舱中植物蒸腾作用产生的冷凝水通过净化后，一部分由系统补充微量元素后送到综合舱，满足人的生活需求，其余与净化后的生活废水和尿液一起用于植物栽培。桔秆等不可食用的植物废物与粪便、食物残渣等废物，采用生物技术处理，制备成土壤及肥料，循环用于植物栽培。由此，"月宫一号"里形成了一个闭环回路的生命保障系统。

植物舱里种植了小麦、大豆、花生、油莎豆和玉米5种粮食作物，还种了胡萝卜、

"月宫一号"外景照片

红豆、四季豆、紫叶油菜、紫叶生菜、茼蒿等15种蔬菜和1种水果——草莓。由于大型动物存在很大的环境污染问题和宰杀食用时来员的心理问题，因此"月宫一号"选择了黄粉虫作为动物蛋白的来源。来员们在综合舱里用不可食用的植物生物量饲养了黄粉虫。这些黄粉虫可以焙干吃，味道像薯条，也可以磨成粉搅在面粉里，做成馒头、焙饼等。"月宫一号"里，每天的饮食都有严格的营养搭配，蔬菜、包子、馒头、水饺等无所不有。

"月宫一号"是中国建立的第一个、世界上第三个生物再生生命保障地基有人综合密闭实验系统。此次试验，"月宫一号"实现了在系统内循环再生100%的氧气和水，55%的食物的目标，实验系统的总闭合度达到了97%。

扫码看视频

第2章 空间站之旅

在空间站里生活是什么样的感觉？如何喝水？又如何上厕所？空间站的氧气、水和食物都是怎么获得的？空间站里怎么种植植物？

　　"好了，蓓蓓和航航，现在你们大致对生命保障有一个基本的认识了，那么我们就开始飞往月球和火星的旅程吧，要仔细看看这个旅途之中有关生存保障的知识哟！接下来我们要登上太空飞船了，你们要睁大眼睛看着周围的一切哦！"学校的太空飞船都是由机器人驾驶的，蓓蓓、航航和教授稍作准备，就进入了太空飞船。

　　"现在，我们是在'神舟'飞船里，前往我们的第一站——中国国际空间站，等我们到达预定轨道后再开始上课，现在你们要做好准备。"教授讲解着。

　　一阵些许超重引起的不适之后，一行三人就来到了中国国际空间站，空间站的外形是中国古典的城楼建筑。空间站的主要功能是作为在微重力环境下的研究实验室，研究领域包括生物学、物理学、天文学、地理学、气象学等。

　　安全带打开，蓓蓓和航航都飘起来啦！

　　"这就是微重力下的感觉啊"，两个人自言自语道。舱门打开，三人从"神舟"飞船"飞"进了空间站。

　　"好大啊！"两人不约而同地感叹道。空间站有将近10个足球场那么大，里面就像个小城市一样。

　　蓓蓓和航航看到了很多来自全世界的人们，他们大都是航天员和科学家，有中国、俄罗斯、美国、德国等国家的哥哥、姐姐和叔叔、阿姨们，蓓蓓和航航兴奋极了。

　　蓓蓓和航航都很珍惜这次太空之旅的机会，这种体验可是从来没有过的。在空间站的太空旅馆中，每位来太空的游客可以选择垂直或水平的睡袋，垂直或水平也只是相对于空间站的地板而言的，其实睡进去的感觉都一样。洗澡间是封闭式的，而且只能进行喷雾加海绵擦洗浴，不能像地面这样水流冲洗，洗身子和洗头要分开进行，防止水呛入呼吸道，也防止水滴飞到不该去的地方。

　　这时，在蓓蓓和航航面前，突然跳出来一个智能机器人："我叫飞飞，是你们的空间站导游。"飞飞为他们详细介绍着空间站中的种种生活操作，蓓蓓和航航一丝不苟地跟做着，教授看着也很欣慰。

师生三人在中国国际空间站中遨游

在微重力下喝饮料是有讲究的

蓓蓓这时觉得口渴了，又不好意思提出来，飞飞觉察到了，将一小袋果汁递给了她，并提醒蓓蓓要用力挤，蓓蓓尝试着喝，但还是一不小心，用力过猛，一小团橙汁飞了出来，橙黄色的水球在空中飞舞着。飞飞解释说：“在微重力下喝水只能从袋子里直接吸，不能像地球上那样倒进杯子里哦！”

接下来飞飞又带着他们参观了空间站中的“洗手间”。蓓蓓和航航尝试着点了一些按钮，兴奋地发现：“卫生间运用流动的空气而不是水来冲粪便、尿液，粪便中的水被回收利用，空气则在过滤除臭和除菌后再返回舱内。”

“好了，请大家先午休一下，然后我们再继续参观吧。”教授话音未落，航航迫不及待地选择了一个垂直的睡袋钻了进去，而蓓蓓选择了一个水平的睡袋。大家都开始午休了，周围安静了下来。

不知过了多久，睡梦中突然听到“咚……咚……咚……咚……”的闷闷的敲击声，蓓蓓紧张地颤声道：“这是什么声音，是外星人敲门吗？”

教授赶紧安慰她说：“别害怕，这是舱体内壁材料在舱内压力变化时发生微小变形所产生的声音。空间站都是密闭舱室，舱室内温度和湿度是调控在适宜舱内人或生物生活或生长的条件，例如我们居住舱内的温度保持在 $23 \pm 2℃$，湿度是 $50 \pm 5\%$。舱内温度会在 21~25℃变化。在温度变化的过程中，舱室内的压力也会随着温度的变化而变化（根据理想气体状态方程：$pV=nRT$）。因此舱室内外压差会发生变化，导致舱体内壁的材料发生一些形变，从而发出‘咚咚’的响声，听上去类似外面有木头锤子敲在舱外壁。感觉上是没有规律的，其实有规律，与舱内温度变化相关联。不过这个变形对舱体的安全没有影响，属于正常现象。”

大家的睡意都没有了，飞飞赶紧招呼大家喝下午茶。

航航这时突然想到一个问题：“我们喝的水和呼吸的空气都是哪里来的呢？”

飞飞介绍说：“我们空间站采用的是物理化学再生式生命保障系统，从这个图中可以了解这个系统的基本流程。采用电解水制氧技术对从尿液中回收的水电解制得氧气，而氢气则用于还原我们呼出的二氧化碳，产生的水和空气

冷凝水一起净化后用于饮用。这样我们可以循环再生90％的氧气和水。另外10％的氧气和水，以及粮食和肉类，由地球补给。"

"我们在空间站能够自己栽培大多数蔬菜。在空间站栽培新鲜蔬菜，不仅是对储藏食物的重要营养补充，同时对去除空气中的二氧化碳、供给氧气和净化水质也有贡献。你们看这些柱状的设备，是我们的蔬菜培养机器，它内部为喇叭形的结构，我们每天在小口处种上一批蔬菜的种子，在大口处收获一批蔬菜，满足我们对新鲜叶菜的需求，这样的结构让我们能节约能源和劳动。"

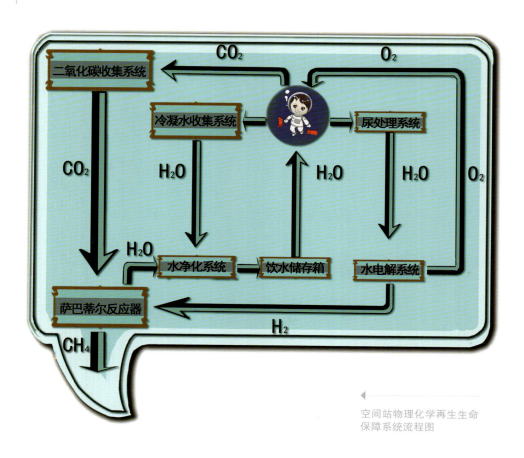

空间站物理化学再生生命
保障系统流程图

"种植蔬菜更为重要的是，对调节乘员的心理发挥重要作用。宇航员种植蔬菜等作物可帮助他们舒缓压力、放松心情。很多从深空归来的宇航员们都回忆说，在漫长紧张的太空旅行中，他们会一连花几个小时来观赏这些赏心悦目的绿植以放松心情。"

中国国际空间站里的蔬菜培养机

"说起空间站植物栽培的历史，必须首先介绍一下空间站的历史。空间站建设的鼻祖是我们的近邻俄罗斯（苏联）。'礼炮'系列空间站由苏联建造，其中'礼炮'1 号是人类的第一个空间站，这个系列的空间站在 1971—1985 年服役期间一共发射了 7 个（1~7 号）。'和平'号是苏联设计建造的第 8 个空间站，它于 1986 年发射升空，并在接下来的十年间陆续追加了众多功能模块，一直运行到 2000 年。苏联与美国在'和平'号里进行过宇航事业合作，28 名不同国家的宇航员也曾到访"和平"号进行工作，它服役期满后于 2001 年受控再入大气层烧毁。"

"1998 年 11 月，国际空间站的第一个部件"曙光"号功能货舱发射升空，随后陆续发射的模块对其逐渐进行扩充，它由

"礼炮"号空间站

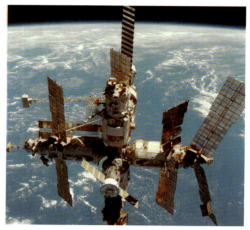

"和平"号空间站

多个国家分工建造、联合运用。由于国际上一些国家政客们井底之蛙式的愚蠢，中国被排斥在这个国际空间站之外。不过中国人有志气、有能力、有智慧，独立自主地建成了中国国际空间站，现在这已经是中国的第三代空间站了。"

"由于率先建造空间站的缘故，空间植物科学的先驱首推俄罗斯（苏联）的科学家们。但真正大规模进行空间植物实验是在"和平"号空间站上，位于莫斯科的俄罗斯科学院生物医学问题研究所是当仁不让的主力军，他们设计建造了适宜失重条件的栽培装置，在空间站进行了诸如生菜、小麦等植物栽培试验，得到了很多原创性的发现。如20世纪90年代，他们在空间站进行了157天的小麦循环栽培试验，小麦株高只有13厘米，每株只有1个穗，不分蘖，但返回地面后又重现了原始性状。这些看似神奇的发现，立刻引发了各国植物学、生态学家们的兴趣，美国政府随后加大科研投入，美国航空航天局（NASA）也会同美国几十所著名高校掀起了空间植物科学研究热潮，肯尼迪宇航中心和佛罗里达大学等科研院所的科学家们对小麦、豌豆、生菜、拟南芥、洋葱、玉米等植物进行了多次飞行搭载试验，研究了诸如光强、光周期、失重、温度、干旱、辐射等环境条件对植物从宏观生态反应到微观基因、蛋白表达谱的一系列研究，形成了从硬件栽培设备到软件栽培参数等诸多专利与成果。"

植物在空间站成长

2015 年，美国国家航空航天局 (NASA) 宣布正式启动名为 "Veggie" 的在国际空间站种植花卉的计划，此次筛选的植物是百日菊（Zinnia elegans Jacq.），2016 年 1 月份空间站内绽放了一朵 "太空花"。

"在太空种植作物，其长远考虑是未来人类在执行载人深空探索任务时，航天器内的植物将成为生命保障系统的一部分。久处太空的宇航员需要富有营养的新鲜蔬菜，以补充维生素和其他微量元素。培育蔬菜的 "太空温室" 除了保证宇航员能吃到新鲜蔬菜，对改善空间站以及飞船内的空气及水交换也能起到重要作用。此外，空间站栽培植物还有标记时间的作用，在日夜交替和季节变换混乱的太空中生活，航天员容易失去生理节律，睡眠受到影响。太空温室可以帮助宇航员调节自身节律，花开花谢让宇航员看到了时间的流逝。在太空中，植物是唯一随时间变化而显著变化的存在。植物的作用不单单是时钟——看着植物的变化比看时钟带来的时间体验更强烈。"

"人在密闭环境生活的时间长了，会感到无聊吗？" 蓓蓓问道。

国际空间站

这时候教授补充道：

"空间站的主要特征之一是人员可以长期驻留，太空是与地球完全不同的环境，它必然引起人体发生一系列生理心理的改变。虽然航天员都经过严格的生理心理选拔和训练，在航天活动中也有精心的医学监督和医学保障，然而仍无法完全排除长期飞行期间出现心理障碍的风险。在与地面环境完全不同的太空环境的冲击下，可能会出现很多不利的心理生理反应：一方面航天员的工作、生活环境与地球相比发生了很大的变化，面临失重、辐射、频繁的昼夜转换和起居、饮食、睡眠、洗澡等不便；另一方面，由于他们长期和熟悉的地球人类隔离，在身心健康等方面也面临着严峻的挑战。空间站的内部环境与机组人员的健康也密切相关，造成环境污染的主要包括舱内设备排放的气体、大量使用的化学物质和机组人员新陈代谢的产物。其他的污染源包括微生物的新陈代谢、空间站上的试验释放的气体。"

"为了保持乘员较高的工作效率和良好的精神状态，心理支持越来越受到大家的重视。心理支持措施可分为社会性心理支持措施和专业性心理支持措施，

在微重力下植物吐出的水珠

社会性心理支持措施包括在航天器上提供休闲设备和节目，提供相关信息以弥补社会接触的不足，不同飞行阶段提供信息策略不同以及满足个性化信息需求等。专业性心理支持措施包括对乘员进行心理状态的测评和干预，对乘员进行心理社会的正反馈和心理宜居性设计等。具体的措施包括在飞行前，加强航天员心理素质的选拔和训练，让同一飞行组的航天员们较长时间生活在一起，互相熟悉，建立友谊，并学习对方的语言和文化。在飞行中定期让航天员与自己家人通话，使航天员能够参加自己家庭的活动和决策；可以与地面信件来往；可以收听本国新闻和有关消息；制定合理的工作制度，一周工作 5 天，每天工作 8 小时；增加多媒体娱乐功能，利用多媒体系统，可以播放音乐、电视或点播流媒体电视，也可以上网和玩电子游戏、阅读电子书籍或者给朋友发电子邮件或窗外看到的美丽太空图片；增加远程医疗监控设施，利用该系统，在地面上组织由航天医生、心理学家、精神病专家组成的航天员生理心理保障组，负责对航天员的生理、心理和行为进行定期监测、诊断和分析，并对各种心理和行为问题提供咨询和提出解决办法，定期与航天员进行私人的心理会谈，了解航天员的需要或心理方面存在的问题，心理学专家可以通过这些会谈为航天员、飞行医生和飞行控制中心提出积极的建议等；设计精良的生活和工作环境，应避免使用多种不同颜色，这可导致视觉在若干时间后过饱和；只限于小面积使用暗色和很深的颜色，最适宜的做法是限制中等亮度和饱和度颜色的多样化。"

　　"好了，这就是中国国际空间站的生存保障，接下来我们一起到下一站——月球去看看！"

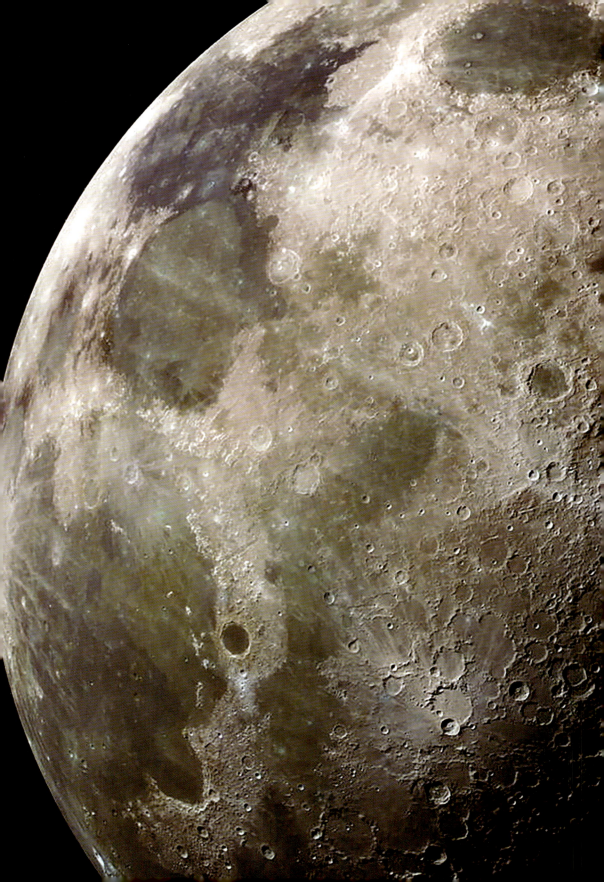

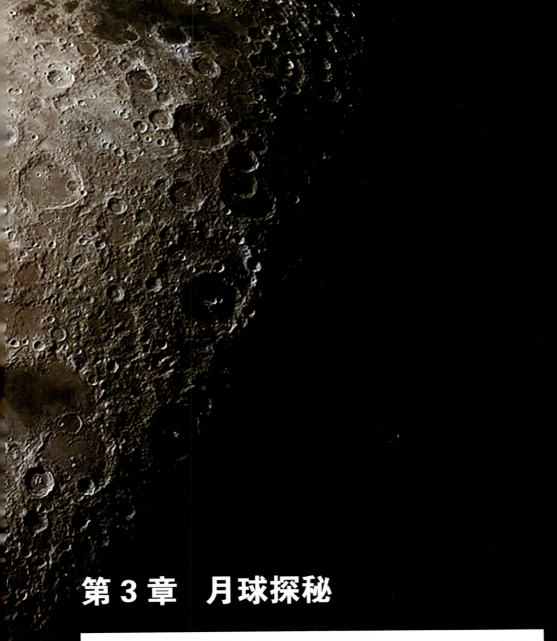

第 3 章　月球探秘

飞往月球的途中会遇见什么？月球是如何形成的？想了解人类的探月历史吗？
人类在月球上又如何生存？在月球上踢足球是什么感觉？

水星
87.7天

金星
224.7天

地
3

火星
686.98天

小行星环带

土星
10759.5天
（29.5年）

彗星

　　飞船再一次起飞了，这一次飞行的时间稍微长了一些。

　　突然，蓓蓓关闭了飞船的发动机，飞船神奇地停在空中，既不飞向月亮，也不落回地球。

　　航航看着窗外，惊异地问："咦，我们静止了！好神奇啊！"

木星
4332.589天
（11.86年）

海王星

天王星

行星公转周期随轨道半径
增大而增大

这是为什么呢?

原来这就是地月之间的拉格朗日点。

地球绕太阳一圈时间是一年(公转周期),在地球轨道外的星球,因离太阳远,绕太阳公转时间就会更长一些;相反,离太阳近的星球(水星、金星)绕太阳一圈时间就比一年少,如太阳系中离太阳最近的水星公转周期为87.7天。显然,太阳系中行星公转周期与公转轨道半径有关,半径越大,公转周期越长,半径越小,公转周期就越短。

"太阳系中公转周期为一年的星体轨道半径是多大呢?"这个问题看起来很简单,显然是"与地球轨道半径一样嘛",因为地球公转周期就是一年呀。这样回答是错误的!

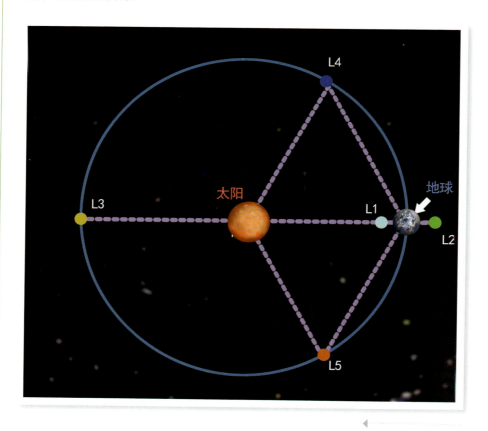

认识 5 个拉格朗日点

实际上，要真是在地球轨道上再放一个物体，由于受到地球的影响，公转周期就不是一年，除非将地球拿走。在地球存在的情况下，能满足问题条件的特殊点共有 5 处，就是拉格朗日点了，分别记作 L1、L2、L3、L4、L5，这 5 个点前 3 个实际上是由欧拉发现的，法国数学家拉格朗日后来又证明了 L4、L5 的存在，现在人们将这 5 个点统称为拉格朗日点了。

L1 点比地球距太阳近，太阳的引力更大，按理在该点上的物体应公转得更快，公转周期要短于一年。但现在地球对该点的物体也有引力，这样就"抵消"了一部分太阳引力，使得该点公转速度放慢，这样就可能与地球公转时间一样了。

L2 点在日地延长线上，比地球距离太阳更远，太阳的引力对 L2 点就减弱，但由于有地球帮忙，总引力增大了，公转速度也加快了，也就有机会与地球的公转时间一致了。

L3 点也在日地连线上，距太阳的距离比地球轨道稍远，其原理与 L2 类似。该点离地球远，受地球的影响较小，所以公转轨道只是比地球稍远一点。

L4、L5 点与日地基本构成等边三角形，但这两点与日地不共线，平衡原理应有区别吧？！这也是拉格朗日的伟大之处，他能够将这两点找出来。有意思的是，L1、L2、L3 点的平衡是不稳定的，小物体一旦离开这个位置，就会一去不复返，但在 L4、L5 点平衡要稳定得多，离开这个位置，物体会在其附近震荡，不会跑开。在太阳—木星的这两点，聚集了大量的小行星；太阳—地球的这两点位置没有发现天体。

拉格朗日于 1772 年推导证明在这些点，小物体能相对于两个大物体保持相对静止（如果两个大物体是太阳和地球，那么这个小物体绕太阳公转时间为一年）。在太阳与地球之间的 L1 点，现在已被放置太阳探测仪，L2 点因背对太阳，易于保护校准，适合放置空间天文台，"嫦娥"二号卫星曾在这里（太阳－地球拉格朗日 L1、L2 点距地球约 150 万千米）做过探测。

另外，地球—月球的拉格朗日 L1 点是登月的必经之路，适合建造地月间的旅行中转站，所以这个位置显得非常重要，占据这个位置，就抢占了通往月球的咽喉，这对于月球开发的意义是显而易见的。

太空生存

过了拉格朗日点，蓓蓓他们进入了月球轨道，眼前的场景又不一样了，他们置身于飞往月球的飞船中，从远处看月球表面的环形山星罗棋布，大大小小的环形山中也布满了人类建设的形式各异的月球村。

从空中俯视月球

17 世纪时，意大利科学家伽利略第一次将自己制作的望远镜对准了月球，你可以想象他当时的感受。作为人类历史上第一位看清月球的人，他必定感受到了巨大的震惊和内心的久久不能平静。在此之前，人们普遍的观点都是"天体应该是完美且精确的球形"。而伽利略看到的景象却是"凹凸、粗糙且布满洞穴的"，否定了"月亮是光滑均匀的"这一观点。

不论时代如何变化，对于任何一个第一次从望远镜或者其他地方清晰地看到月球表面的人来说，他还是多少能感受到伽利略当年的那种内心变化的，蓓蓓和航航仍然能想起当时第一次在天文馆里真切地看到月球模样时的场景。如今，地球上的天文爱好者们用廉价的双筒望远镜就能看清月球表面的样子，其呈现出的图像也是出奇的锐利和清晰，能看清楚平原和山峰。

人类科学家曾经报道过：月球的年龄为 44.7 亿年。

这时教授开始向他们讲解月球的历史：

"在太阳系的早期，地球被火星大小（约为地球的一半）的行星所撞击，砸出的碎片进入了围绕地球旋转的轨道。地球周围，散碎的残片年复一年日复一日地旋转，重力慢慢将它们集合在了一起，形成了初生的月球。由于那次天地大冲撞的能量实在太大，导致这颗卫星在早期是一颗炙热的液态星球，整个充满了翻滚的岩浆，仿佛浴火重生的凤凰。随着熔岩冷却，坚硬的月壳逐渐形成。然而，暴虐的宇宙并不允许这样短暂的平静持续太久。"

"约 43 亿年前，有一个巨大的小行星撞击了月球的南极，形成了月球上的南极 – 艾托肯盆地（South Pole–Aitken Basin）。这是太阳系已知的两个最大的撞击盆地之一，直到今天我们依然可以在月球表面看见它。"

"大约 41 亿 ~38 亿年前，太阳系经历了一个被科学家称为'后期重轰炸期'（the Late Heavy Bombardment）的惨烈时代。人们把这个时期形象地称为'月球灾难'（lunar cataclysm）。这个时间的确定，来源于登月获得的岩石的冲撞熔化时期，均晚于 39 亿年。"

　　"这一时期，月球和带内行星（'带'指火星和木星之间的小行星带）被数不清的小行星和彗星所鞭笞、撞击。由于月球内部的岩浆还未完全冷却，在猛烈的撞击下，其内部的岩浆时常从表面的裂缝喷涌而出。"

　　"值得提到的是，这个时期，也是地球上生命的最早的同位素证据的时间，因此有科学家认为，地球也经历了类似的轰炸，令地球重新回到一个高热和充满能量的时期，可能影响了生命的起源和进化。"

　　"大约 10 亿年前，月球表面布满了火山。黑色玄武岩的月海，就由远古时期的火山作用所形成。撞击在这个时刻进入尾声。最终，月球整个冷却下来，又经历了一个相对温和的撞击时代，形成了今天月球表面坑坑洼洼的形状。"

　　今天，每个人仰望晴朗的夜空，都可以看到月球经历了 40 多亿年岁月的样子。她沉静如水，温婉似玉，有谁能想到她曾经经历了如此动荡的年月呢？

　　天文学家们很久以前就知道月球表面维持着目前的样子了，因此，几个世纪以来，人们看到的这些环形山和伽利略当时看到的完全一样。但是，在这片不变的景色之中，还是有许多可看的地方的。根据特征，月面被分为两类，一类是常见的环形山；另一类是深色的平原。环形山大都以著名的哲学家和科学家命名。平原被称为海，因为伽利略和其他的科学家当时认为那里被水覆盖。

　　蓓蓓记得原来课上学过这些环形山中有一些是以中国人的名字命名的。她和航航的在今天上课之前的小矛盾早已随着课程的深入而抛到九霄云外了。

　　"王嘉航，我考考你，你知道这些环形山中以中国人命名的有哪些，它们都叫什么呢？"

　　"哼……这怎么可能难得到我！有四座是以我国古代天文学家名字命名：石申环形山、张衡环形山、祖冲之环形山和郭守敬环形山。"

月球表面图片

在一百多万千米处拍摄的
月球绕过地球时的情景

20 世纪 60 年代初，美国宇航局提出了"阿波罗登月计划"。经过 8 年的艰苦努力，终于在 1969 年 7 月 16 日成功发射载人登月的"阿波罗"11 号飞船。

"阿波罗"飞船由指令舱、服务舱和登月舱三部分组成，每次载三名宇航员，登月飞行结束后，返回地球的只有指令舱和三名宇航员。指令舱呈圆锥形，高 3.23 米，底面直径 3.1 米，像一辆旅行汽车大小，发射重量约 5.9 吨，返回地面时要丢弃辅助降落伞等物，这时重量只有 5.3 吨。服务舱附在指令舱的下端，呈圆筒形，直径 3.9 米，高 7.37 米，舱重 5.2 吨，装上燃料和设备后重 25 吨。登月舱接于服务舱下面第三级火箭顶部的金属罩内，它分为下降段和上升段两部分，总长 6.79 米，四只底脚延伸时直径为 9.45 米，重 4.1 吨，如果包括燃料则重 14.7 吨。下降段还装有考察月面的科学仪器，当上升段飞离月面时，下降段起发射架作用。

在载人登月的探索过程中，"阿波罗"4~10 号进行了多次不载人、载人的近地轨道飞行试验或登月预演。1969 年 7 月 16 日，"阿波罗"11 号飞船经过长途跋涉，进入月球轨道，人类首次登月行动开始了。

船长阿姆斯特朗首先走上舱门平台，凝视陌生的月球世界几分钟后，挪动右脚，一步三停地爬下扶梯。5 米高的 9 级台阶，他整整花了 3 分钟！随后，他的左脚小心翼翼地触及月面，而右脚仍然停留在台阶上。当他发现左脚陷入月面很少时，才鼓起勇气将右脚踏上月面。

这时阿姆斯特朗发出了那句载入史册的感慨：

"这是我个人的一小步，却是人类迈出的一大步！"

18 分钟后，奥尔德林也踏上月面，他俩穿着宇航服在月面上幽灵似的"游动"、跳跃，拍摄月面景色、收集月岩和月壤、安装仪器、进行实验和向地面控制中心发回探测信息。

活动结束后，阿姆斯特朗和奥尔德林乘上登月舱飞离月面，升入月球轨道，与由科林斯驾驶的、在月球轨道上等候的指挥舱会合对接。3 名宇航员共乘指挥舱返回地球，在太平洋降落。整个飞行历时 8 天 3 小时 18 分钟，在月面停留 21 小时 18 分钟。时间虽然短暂，却是一次历史性的壮举。

1972 年 4 月 23 日，"阿波罗" 16 号的航天员约翰 W.杨(John W. Young) 正在收集月球样本。照片由登月舱指挥员航天员查尔斯 M.杜克拍摄

1969 年 7 月 20 日，"阿波罗" 11 号实现人类第一次登月的壮举。照片中，航天员奥尔德林正在安装"阿波罗" 携带的科学仪器

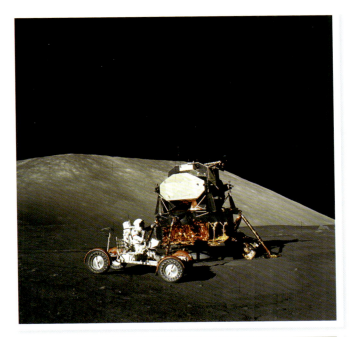

1972 年 12 月 11 日，
"阿波罗" 17 号在舱
外活动期间由航天员
哈 里 森（Harrison H.
Schmitt）以月球上的
着陆点为背景拍摄

1972 年 12 月 11 日，
"阿波罗" 17 号的航
天员哈里森（Harrison
H. Schmitt）拍摄。照
片背景右侧是南高地
的东端

1969—1972 年年底，美国共发射了 7 艘载人飞船进行登月活动。其中 1970 年 4 月 11 日发射的"阿波罗"13 号飞船，途中由于服务舱氧气箱爆炸遇险，宇航员依靠登月舱的动力装置，并借助月球引力绕月飞行后，于 17 日平安返回地球，3 名宇航员安然无恙。这次登月飞行被认为是一次"成功的失败"。其他 6 艘"阿波罗"号飞船，乘载 18 名宇航员参加登月活动，共有 12 名宇航员登上月球，在月面开展了一系列实地考察工作。包括采集月球土壤和岩石标本，在月面建立核动力科学站，驾驶月球车试验等。他们在月面共停留了 302 小时 20 分钟，行程 90.6 千米，带回 381 千克月球土壤和岩石样品，实地拍摄了月面照片，初步揭开了月球的真实面貌。

但是由于世界政治原因和各国金融危机的影响，有近半个世纪的时间人类对于月球的探索陷入了停滞。导致的直接结果就是出现了各种各样的猜测和质疑的声音。

大量的假说出现在人们的视野之中，有人认为月球是一个 UFO 的基地，那里有大量地外生物居住，并列举了当时很多难以解释的现象。

直到人类将永久的基地建造在月球上，持这种观点的仍然大有人在。

下面回顾一下我国的探月计划。

2004 年，我国正式开展月球探测工程，并命名为"嫦娥工程"。嫦娥工程分为探（无人月球探测）、登（载人登月）和驻（建立月球基地）三个阶段。2007 年 10 月 24 日 18 时 05 分，"嫦娥"一号成功发射升空，在圆满完成各项使命后，于 2009 年按预定计划受控撞月。2010 年 10 月 1 日 18 时 57 分 59 秒"嫦娥"二号顺利发射，也已圆满并超额完成各项既定任务。此后，"嫦娥"三号卫星和"玉兔"号月球车的月面勘测任务也顺利完成。随后，"嫦娥"四号则实现了人类首次登陆月球背面。"嫦娥"五号实现了采集月球样品返回地球用于分析与研究。

月球具有可供人类开发和利用的各种独特资源，月球上特有的矿产和能源，是对地球资源的重要补充和储备，对人类社会的可持续发展产生了深远影响。

▶

"嫦娥"一号

　　中国科学家通过"玉兔"月球车在月球表面的雨海盆地，研究了稀土和放射性元素的分布，填补了此前美俄对月球地质研究的空白。此后的若干年，我国又先后进行了一系列探月活动，探测活动按部就班进行。2050年时，中国在月球上正式建立了永久月球基地——"月宫"一号。后来又陆续建立了"月宫"二号、"月宫"三号……

　　这些年，可控核聚变的技术已经取得巨大突破，人类利用月球上储量丰富的氦-3元素有条不紊地建立了许多核聚变的发电站，将发出的电能传输到静止轨道上的中继卫星，再传送到位于地球上不同区域的上千个接收站，分配到各个地区供全人类使用。使用氦-3作为能源时不会产生辐射，不会给环境带来危害。当然，月球基地中生命保障系统所用的能源也都来自于这些核电站。

　　蓓蓓和航航乘坐的飞船顺利到达月球轨道后，飞船首先环绕月球轨道一圈，一方面方便蓓蓓和航航近距离欣赏月球的景色，一方面是为了调整姿态，做好降落准备。当飞船从月球轨道下降，在月面上安全着陆后，蓓蓓和航航又坐进了月球基地的月球车。

　　这时，车上的智能机器人说话了：

　　"欢迎来到月球基地，我是你们的机器人导游月月。现在大家正处在月球上的月球车之中，他们可是有着统一名字的哟，中国造的都叫作'月兔'月球车，

在月球车上机器人小月月给大家讲解月球基地

月兔
NO.009

因为车太多了，也有自己相应的编号，你们现在是在'月兔'009号车。我接下来陪同大家参观月球基地中的生命保障系统。"

蓓蓓和航航都兴奋地睁大了眼睛。

"现在我们国家总共在月球上建造了8个基地，分别取名'月宫'一号到八号，其中前5个是供科学家们使用的，'六号'到'八号'是提供给来月球旅游的人们使用的，这些系统的大小也不一样，能容纳的人数也从几十到上千不等。当然，这些'月球家园'的结构和样式各不相同，'月宫'一号、'月宫'

二号、'月宫'三号外观结构都由柔性材料构成，类似于充气胶囊，都建在'静海'那里，彼此之间也就相隔几十千米。'月宫'五号建在开凿的隧道中，大大节约了建筑成本，'月宫'六号到'月宫'八号都建在人类的'月球村'中。目前，这里的建筑密度与地面相比，充其量就相当于村落，这里还有俄罗斯、美国、日本等国家建设的供游客使用的旅馆。我们服务于全世界的人们，按照大小和里面环境的舒适程度定好价钱，从低到高，供游客们自主选择。这些月球村里的建筑所用的建造材料都是就地取材，月球上大量存在的玄武岩使得玄武岩纤维成为这里替代地面碳纤维的一种主要材料，建筑物的主体材料大都是用玄武岩纤维制成的。在这些星罗棋布的'村落'中都建立了人类在月球赖以生存的生命保障系统。你们猜'月宫'六号和'月宫'八号哪一个更贵呢？"

"'月宫'八号！"蓓蓓和航航不约而同地答道。

教授和机器人都笑了笑，默认了他们的答案。这种根深蒂固的传统观念其实一直都没有改变。

月月接着说："月球表面的环境，与地球表面的自然环境大不相同。月球上没有大气，处于一种高度的真空状态，连声音都无法传播。因为月球没有大气层，月面直接暴露在宇宙空间，因而月表的温度变化非常剧烈。白天最热时，月表温度可达 127℃；夜间最冷时，温度则可降到 −183℃。因此我们只能生活在月球基地的密闭舱系统中，出舱要么穿出舱服，要么乘坐这个密闭的月球车。下面我们到'月宫'八号里面去看一看吧"。

走进气闸舱，关好舱门，大风呼呼猛吹，蓓蓓吓了一大跳，"哎呀，怎么回事？""这是风淋设备启动了，强劲的具有消毒功能的风 360° 无死角地把我们服装上的灰尘吹干净，把我们可能携带的微生物杀灭，我们才能进入"月宫"中，以免污染舱内环境。微生物的生存能力极强，被我们带出舱的微生物有可能在舱外发生变异后又被我们带进来，可能造成很大危害，所以必须加倍小心。有关太空舱内的微生物可是一门很大的学问，点开这个页面，可以详细了解人类与微生物的爱与恨。"

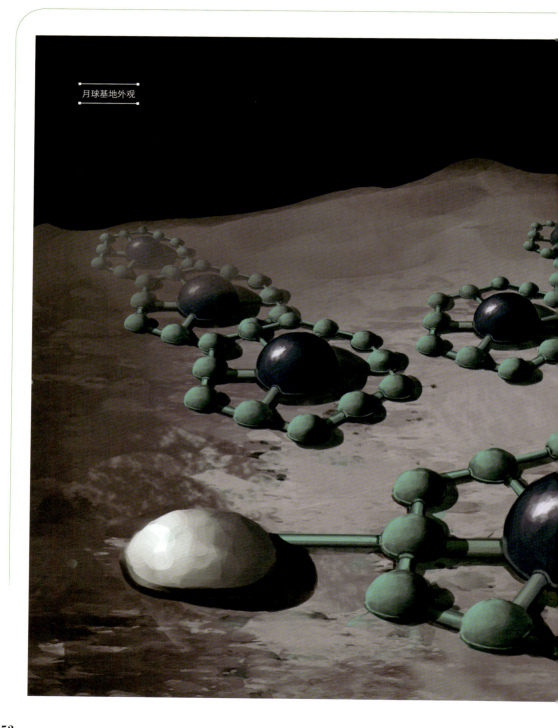

月球基地外观

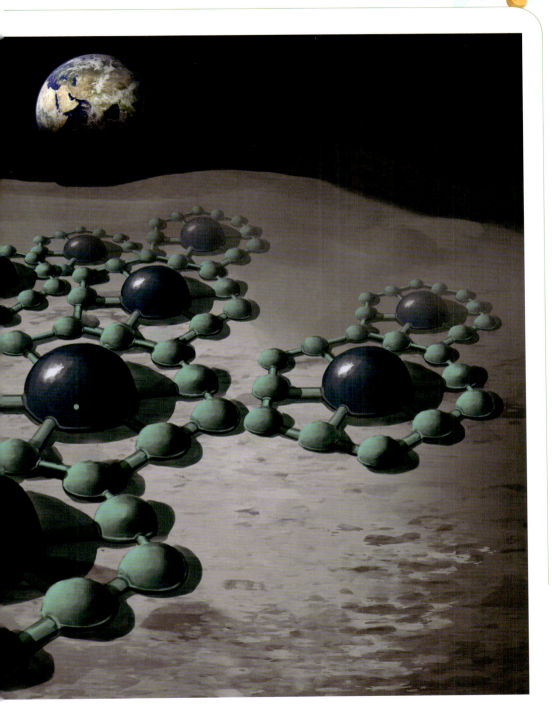

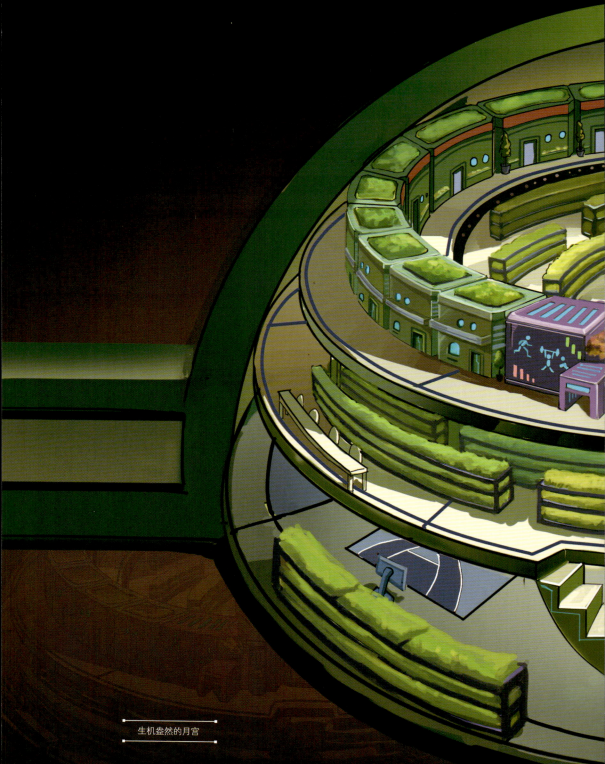

生机盎然的月宫

月宫中的微生物

在"月宫一号"密闭系统中，除了志愿者、动物、植物这些肉眼看得见的生物外，还有一群数量庞大但我们却常常忽略的生物体——微生物。它们的样貌种类非常多，但有一个共同特点就是十分微小——肉眼几乎很难观察到它们的存在，除非它们已经开始"称王称霸"了。

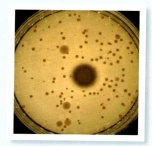
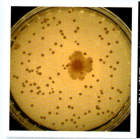

月宫中的微生物

从系统建成起，他们就比志愿者更早一步入住。它们中的有些成员充当着系统保护者的角色，比如某些植物抗病微生物可以帮助植物抵抗病害，再比如人体的肠道益生菌群可以帮助志愿者消化。

但是，它们中的有些"坏蛋"，却充当了系统的破坏者。它们中的有些"坏分子"如条件致病微生物，在正常情况下很老实，一旦环境发生改变，就有可能变为致病菌，引起疾病。而有些"寄居者"则寄居在舱室关键设备材料上，腐蚀金属与非金属材料，改变电子元器件的特性，影响系统的正常运转。

因此，要学会与这些小生物共存，控制它们的生长繁殖，利用它们的有益部分，防控它们的有害部分。

当"坏蛋"们还没有"称王称霸"时，我们就要早早开始与"坏蛋"们的斗争了！不然，一旦它们开始大规模繁殖，再要除掉它们，可就不是件容易的事情了。因此，微生物监测系统是我们的第一道防线。

下面，我们就一起来看看我们是怎么监测这些"坏蛋"的吧。

第一部分，是空气中微生物的监测。通过采样泵抽取定量的空气，这些空气将直接撞击到预先准备好的培养平板上，空气中的微生物就会附着在这些培养平板上，再将它们放在适宜的温湿度环境中，这些微生物就会长成一个个的小山包，我们叫作"菌落"。我们根据长

采集空气中的微生物

出的菌落的多少，计算出空气中微生物的菌落密度，这样，"坏蛋"们就彻底现身，无处可

逃了。志愿者们可以根据这个结果，采取相应的控制措施。

第二部分，是关键设备表面微生物的监测。"坏蛋"们除了在空气中飞舞，危害志愿者的身体健康外，还经常扎堆在设备表面逍遥，如果不进行有效的监控，他们长多了就会影响系统的正常运转。因此，设备表面的微生物也需要我们时刻注意。志愿者们

志愿者在采集微生物

通过用采样拭子擦拭固定区域的方法，逮住这些坏分子，再放入缓冲液中，通过培养，最后算出设备表面的菌落密度。这样，志愿者们就可以知道"坏蛋"们爱在哪里聚集，怎么去捣毁它们的据点了。

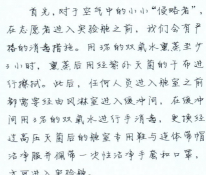

志愿者消毒过程

步骤1 进入一更缓冲间 → 步骤2 进入风淋室 → 步骤3 进入二更洁净间 → 步骤4 手消毒 → 步骤5 进入舱缓冲间

志愿者的防护服装

洁净服
防护口罩
洁净服
无菌鞋
洁净手套

首先，对于空气中的小小"侵略者"，在志愿者进入实验舱之前，我们会有严格的消毒措施。用3‰的双氧水熏蒸至少3小时，熏蒸后用经紫外灭菌的干布进行擦拭。此后，任何人员进入舱室之前都需要经由风淋室进入缓冲间，在缓冲间用3‰的双氧水进行手消毒，更换经过高压灭菌后的舱室专用鞋与连体带帽洁净服并佩带一次性洁净手套和口罩，才可进入实验舱。

其次，对于关键设备表面的"坏分子"，则用专用消毒湿巾擦拭，擦拭后再用紫外杀菌后的干布擦拭。对于地面及角落等，用吸尘器吸尘后，再用专用消毒湿巾擦拭，后用经紫外杀菌的干布擦拭。微生物监测结果偏高区域，则采取用舱室专用消毒湿巾与紫外灯结合的方法进行灭菌，以保证"坏蛋"们无处可逃。

最后，对于植物舱，所有进入植物舱的培养基质和营养液都需要进行高温或紫外灭菌处理，植物种子则应进行高锰酸钾浸泡等处理，以尽可能杀灭潜在的植物致病菌。密闭实验开始后，采用专用消毒湿巾每隔7天集中做一次关键设备表面与地面擦拭，再用经紫外杀菌的干布擦拭。

小小微生物是我们环境中的一部分，彻底消除它们是不现实的，因此，寻求人、动植物与微生物的和谐共生，维持系统的平衡，才是"月宫一号"运转的长久之道。

走进"月宫"八号，蓓蓓和航航觉得，虽说是个旅馆，其实有点像地面的大型购物中心，再往里走，大量生机盎然的绿色植物映入眼帘，有各种粮食和蔬菜作物，蓓蓓惊呼："快来看，这里有草莓！"

"绿色植物光合作用为游客提供食物和氧气，又将二氧化碳和其他废物'变废为宝'，植物还是净化水的功臣，根系吸收和叶片蒸腾参与系统的水循环。微生物则担负着下游的收尾工作，降解植物不可食生物量、人员排泄物和净化生活废水等，重新用于为植物提供水分和养料，为动物提供饲料，使食物得以再生循环。"教授讲解道。

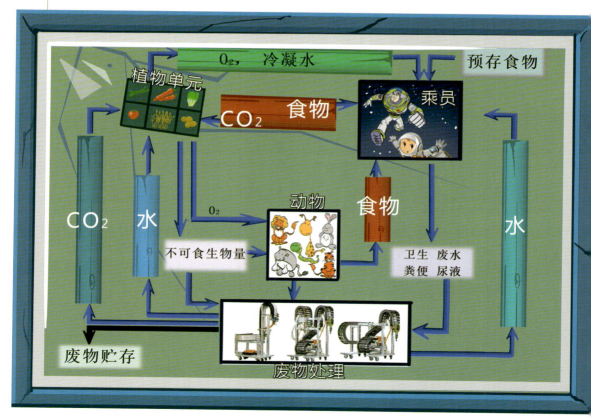

月宫中的物质循环图

扫码看视频

中间的大厅有很多健身设施，供人们锻炼身体。抬头看楼上才能感觉到这是个旅馆，一排排的房间，唯一的区别就是楼梯的台阶要比地面的高很多，一跳一跳地上楼确实比地面快很多，也更有意思得多。

蓓蓓观察着各种植物突然问道："'月宫'上的植物是如何栽培的呢？"

教授说："'月宫'中植物种植在特殊设计的植物种植架上，植物架分三层甚至更多层，每一层有独立的灯板与培养槽。月壤经过生物改良制备得到"土壤"为植物栽培基质，用特制的微孔管产生的负压进行按需供水，避免水资源的浪费。"

蓓蓓又问："我们地球上的大自然的盎然绿色离不开每日升起又落下的太阳，所谓万物生长靠太阳。'月宫'中的植物上面有的是管子下面有个灯罩发出光，有的是很多的灯珠镶嵌在一块板上，他们就是这些植物生长所依赖的'太阳'吗？"

教授说："蓓蓓真是善于观察啊，航航要向蓓蓓学习哦！"蓓蓓冲航航神气了一下。教授接着说："这些管子里面是光纤，把舱外面的太阳光经过滤除一些有害波段，保留植物生长所需的光波段，引入舱内，在这些灯罩中均匀分布后供给植物。而这些灯珠则是 LED 灯珠，是利用舱外的核能发电站供给的电能发光的。"

月月说："点开这个页面，可以看到关于植物光源和光合作用的知识。"

"这里种的小麦都不一样大啊？有的还是幼苗，有的已经结穗了，而这些马上就可以收了。"蓓蓓一脸的惊讶。

教授解释说："在'月宫'，植物都是采用半连续的梯度栽培模式，每种作物都被分成多个批次。例如，小麦被分成了 10 批，你可以同时看到出苗期、分蘖期、拔节期、孕穗期、抽穗期、开花期、灌浆期、乳熟期、成熟期、收获期的小麦，他们同时存在。这样既保障了氧气的稳定，也能连续不断地供给食物。小麦从幼苗生长到收获阶段，每个阶段吸收二氧化碳和释放氧气的能力各不相同，采用分批次栽种培养能够使得植物舱内始终包含各个生长阶段的小麦，从而保障系统中氧气和二氧化碳气体的持续平衡和稳定。"

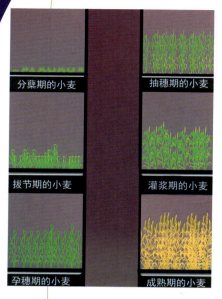

分蘖期的小麦　抽穗期的小麦

拔节期的小麦　灌浆期的小麦

孕穗期的小麦　成熟期的小麦

小麦的主要生长阶段

航航沉默了半天，突然有了新发现："快来看啊，这里养了好多虫子啊。养这些虫子有什么用呢？"

教授说："这是黄粉虫。黄粉虫不仅能够为人们提供优质的动物蛋白，它还能以'月宫'中植物的不可食生物量（秸秆、蔬菜老叶等）为食，是系统废物处理的环节之一。北京航空航天大学刘红教授研究团队最先提出，昆虫可以作为生物再生生命保障系统的候选动物，并最早提出了将蚕引入生物再生生命保障系统，作为宇航员的蛋白来源。而后又筛选出更适合在这类密闭舱室中培养的黄粉虫，并在"月宫一号"105天有人密闭实验中首次引入了黄粉虫的培养。一会吃饭的时候你就会看到，我们有一样用黄粉虫做的美味哦。"

月月补充说："我们月宫旅馆主要采用的是生物再生生命保障系统，从刚才我们看过的那张"月宫中的物质循环图"上可以看出该系统的原理，它基于生态系统原理将生物技术与工程控制技术有机结合，构建由植物、动物、微生物组成的人工生态系统。氧气、水和食物这些人类生活所必需的物质可在系统内循环再生，并为人员提供类似于地球生物圈的生态环境。我们可以再生 100% 的氧气和水，80% 的食物，只需地面补给一些佐料和动物性食物。"

它继续补充道："这个系统是我国北京航空航天大学研制的，我记得 2014 年 5 月北航完成了我国首次长期高闭合度集成实验，"月宫一号"的地面原理实验系统现在还在北航的学院路校区内呢，早已是地球上一座很著名的博物馆了吧。"

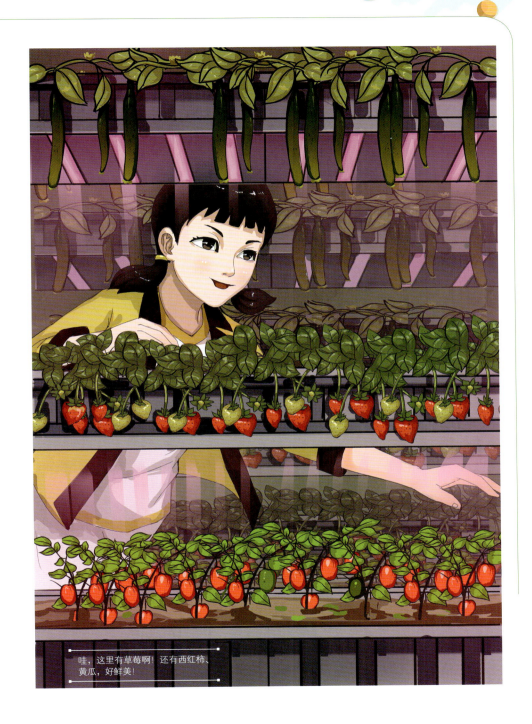

哇，这里有草莓啊！还有西红柿、黄瓜，好鲜美！

关于用于植物生长的 LED 光源

光合作用是植物生长发育过程中将无机物转化为有机物的重要过程，因此植物照明的调控被认为是室内植物优质高效生产的重要途径之一。LED 光源具有节能环保、光电转换效率高、寿命长、发热低、冷却负荷小、光量与光质可调节、易于分散或组合控制等优点。LED 光源能够根据植物的需求组合不同植物栽培最优的光源光谱。因此 LED 光源目前已成为可控环境里植物栽培光源中最具前途的光源，并在地面植物工厂及室内绿化等领域得到大量应用。

大家都知道，太阳光是由红、橙、黄、绿、青、蓝、紫、紫外和红外光组成，那么"月宫"中的"太阳"光组成情况又是怎样的呢？和自然界的太阳光之间有什么差异呢？

下面我们用数据说话。用光谱测试专业仪器——光纤光谱仪对两种光谱进行检测。从光谱图中可以看出，"月宫一号"中"太阳"的光谱主要由红光和蓝光组成，同时包含有少量的绿光、黄光和红外光；自然界太阳的光谱中除了大量的红蓝光还有大量的紫外、紫光、绿光、黄光和红外光。

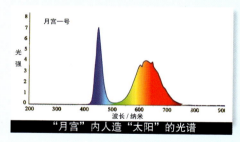

"月宫"内人造"太阳"的光谱

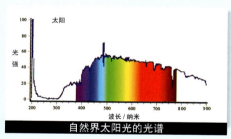

自然界太阳光的光谱

看到这里，大家可能会问，既然 LED 技术已经满足任意组合光谱的需求，为什么不仿照自然界太阳光谱来组合"月宫"中太阳的光谱呢？在植物生长发育的研究中，人们发现植物叶片中进行光合作用的器官主要是叶绿体，而叶绿体中的叶绿素所吸收的光主要是红橙光和蓝紫光，因此这两部分光是"月宫一号"中"太阳"光谱的主要部分，在这里我们称之为植物生长所需"大量光质"。

后来，随着植物研究的发展，人们发现，除了红蓝光之外的光质，如绿光、远红光等光质对植物生长发育也具有显著的调控作用，如提高植物产量或品质等。因此"月宫一号"中"太阳"的光谱还包含少量的其他光质，和红蓝光一起构成一个连续的宽光谱。这样的光谱组成对"月宫一号"植物舱内多种植物的生长发育提供了良好的环境。

光合作用知多少？

光合作用被称为"地球上最重要的化学反应"和"生命界最重大的顶极创造之一"，在生物演化、生物圈形成和运转及人类诞生与经济和社会的可持续发展等过程中都处于非常关键的地位。

光合作用（photosynthesis），即光能合成作用，是指含有叶绿体的绿色植物、动物和某些细菌，在可见光的照射下，经过光反应和碳反应（旧称暗反应），利用光合色素，将二氧化碳（或硫化氢）和水转化为有机物，并释放出氧气（或氢气）的生化过程。同时也有将光能转变为有机物中化学能的能量转化过程。

光合作用是地球上几乎一切有机物的原初生产者和大气中氧气的提供者。没有植物的光合作用，地球上的生物圈就难以形成和维持。植物光合作用的出现是生命演化过程中的转折点和生物圈形成及运转的关键环节。当生物演化到人类出现，并逐渐组成社会和进行各种生产活动时，更需要大量的食物、燃料和多种植物来源的原料，它们都直接或间接地由光合产物转化而成。

有了光合作用，我们才可以拥有美好的生活。

光合作用既是生命科学的重大基本问题，又与人类的生存及生产实践紧密相关。当前令人担心的是大量使用石油和煤等化石燃料会引起二氧化碳浓度剧增，产生温室效应，故正大力提倡节能减排。而利用当代植物光合作用转化成的产物则不会增加大气中的二氧化碳浓度，如大量植树造林将使二氧化碳转变成有机物长期地贮存起来而更具"碳汇"功能。因此，人们深切体会到光合作用不仅与地球上生物演化有关，而且对当前经济和社会的可持续发展的贡献也非常巨大。这一认知促进了世界各国加大研究光合作用原理和应用力度。诺贝尔奖委员会在1988年宣布光合作用一项研究成果获奖的评语中称"光合作用是地球上最重要的化学反应"。

"月宫一号"植物工厂

太空生存

生命保障系统中的动物

细数动物在航天上的历史贡献，美国、日本等国曾将蜗牛作为太空基地宇航员动物蛋白的来源，在地面建立了各种试验系统。德国科学家设计了同时养殖剑尾鱼和种植水生植物的受控生态生命保障系统，还曾在 C.E.B.A.S. 系统中纳入中国草鲤鱼（ctenopharyngodon idellus）。俄罗斯研究者 Meleshko 等人曾提出将鹌鹑引入生物再生生命保障系统的设想，并进行了空间站的搭载培养试验，以失败告终。俄罗斯研究者 2010 年还提出了利用巨型蜗牛螺褐云玛瑙螺（achatina fulica）作为"太空农场"中蛋白的来源。日本研究者曾向闭合生态实验设施（closed ecology experiment facilities, CEEF）系统中引入山羊，进行了三次为期 1~2 周的综合系统实验，利用山羊消耗系统内作物的不可食生物量同时将羊奶作为受试人员的动物蛋白来源。

这些动物中，哪些更具有优势？为什么我们在"月宫一号"的第一次有人密闭实验中，选择了培养黄粉虫呢？

从营养的角度，我们将黄粉虫和鱼、禽、畜等常见动物性食物做个比较。

黄粉虫幼虫和蛹蛋白质中氨基酸种类齐全，组成合理，含有人体不能合成的八种必需氨基酸，其必需氨基酸总量高于猪肉、羊肉和大豆，接近于牛肉和鱼肉的含量。必需氨基酸与总氨基酸的比值（EAA/TAA）及必需氨基酸与非必需氨基酸的比值（EAA/NEAA）两项指标均符合 FAO 推荐的理想蛋白模式。其必需氨基酸与总氨基酸比例为 44.7%，满足 FAO/WHO 标准。黄粉虫幼虫和蛹脂肪中不饱和脂肪酸所占比例较大，特别是人体不能合成、必须由食物供给的必需脂肪酸亚油酸含量高达 24.1%，大大高于鸡、猪、牛、羊、鱼肉、牛奶的含量。饱和脂肪酸与不饱和脂肪酸的比值为 35.4%，这一比值远远低于猪、牛、羊、鱼肉，对人体健康更有益。此外，黄粉虫还含有丰富的微量元素和维生素，以及抗菌肽、几丁质和壳聚糖等功效性成分。因此黄粉虫对于宇航员而言，具有很高的食用价值。

更重要的是，由于是在密闭的生物再生生命保障系统中培养，需要考虑一系列问题。包括培养过程中是否有污染、气味，培养难易程度，是否会占用乘员过多时间，以及培养动物对系统废物处理环节的影响。下面就着上述几个问题，把这几种候选动物逐个分析分析。

1）鱼类

在鱼类养殖方面，由于鱼类生存在水生系统中，该系统本身即为一个复杂的生命保障系统，水生环境易产生微生物污染、有机物污染等问题。且鱼养殖系统需要孵化子系统、污水处理设备等，构造复杂，在空间环境中如若出现问题维修困难。鱼类的获取、食物的制作也给宇航员加大了劳动强度和难度。鱼类和螺类还存在着废物处理的问题。鱼类含有

鱼鳞和鱼骨，螺类则会产生大量的螺壳，这些废物的处理给系统引入了新的问题，增加了宇航员的工作量。鱼鳞和鱼骨含有大量的磷酸钙，而螺壳则含有大量的碳酸钙。钙质也是宇航员不可缺少的营养成分，在物质循环过程中应考虑钙质的循环问题。

2）甲壳类软体动物

甲壳类软体动物，例如蜗牛，壳十分坚硬，富含碳酸钙，不易被生物处理和降解，增加了废物处理的难度，影响系统中钙质的有效循环。

3）禽畜类

对于禽类、畜类，您要是去过养殖场，抑或是家里养过禽畜或宠物都知道，禽畜类的饲养气味是不用说的。禽畜饲养的过程中还会产生 NH3、H2S、CH4、CO 等有害气体，产生大量异味，在密闭环境中增加了系统的风险性，影响宇航员的身体和心理健康。同时，禽畜类动物产生的废物种类繁多，其处理存在着更大的难度，例如皮毛、羽毛、骨骼、内脏等，都加大了系统废物处理环节的复杂程度；对于动物排泄物的收集也存在着很大困难。

4）黄粉虫

黄粉虫是联合国农粮组织选出的食用昆虫最佳物种，是基于高生长速率、高日生物量增长、高生物转化率、能够高密度生长、不易受病害、低劳动强度大规模生产、生产的地域限制小、可驯养获得高品质种等几项标准筛选获得的。

把黄粉虫引入到生物再生生命保障系统中，不会出现上述其他动物的问题。黄粉虫的饲喂过程十分简单，不会占用乘员过多的劳力；它的饲养过程不会产生异味，就连虫粪也是干燥无异味的沙状颗粒。黄粉虫可以以系统内植物的不可食生物量（秸秆、蔬菜不可食部分等）为饲料，因此不仅不与人争抢食物，还可以作为系统废物处理的一个链环，将植物废物转化为营养含量高的动物蛋白，供乘员所食用。

以黄粉虫为原料的食品

"月宫一号"中的水循环

水是一切生命有机体的组成物质，也是生命代谢活动所必需的物质。水循环在生态系统中起着重要作用，也是保障整个"月宫一号"系统顺利运行的关键因素。

扫码看视频

地球水循环是指地球上不同地方的水，通过吸收太阳的能量，改变状态到地球上另外一个地方。例如，地下水被植物吸收，然后通过蒸腾作用以水蒸气的形式存在空气中，最后通过降水以及渗透重新回到地下。

在"月宫一号"里，内部水的再生度达到了100%，也就是说在整个实验过程中，并没有水从外部输送进舱，也没有水从舱内排出。那么问题来了，志愿者会不断消耗干净的饮用水，并且会不断产生尿液等废水，饮用水会越用越少，废水会越积越多，那么"月宫一号"是怎么做到在105天和365天密闭实验期间都不输送水的呢？下面带大家了解一下"月宫一号"里水循环的奥秘。

大家都知道"月宫一号"中种植有植物，而植物是有蒸腾作用的。那么什么是蒸腾作用呢？蒸腾作用是水从植物表面（主要是叶子）以水蒸气状态散失到大气中的过程，形象地说蒸腾作用就是水不断从叶子上跑到空气中。那么蒸腾作用有什么用呢？植物的蒸腾作用主要是保障植物的供输系统正常运行，你想呀，只有水不断从叶子上蒸发，才能促使根不断从土壤中吸收水分，才能不断地把营养物质运送到各个所需的地方。"月宫一号"就

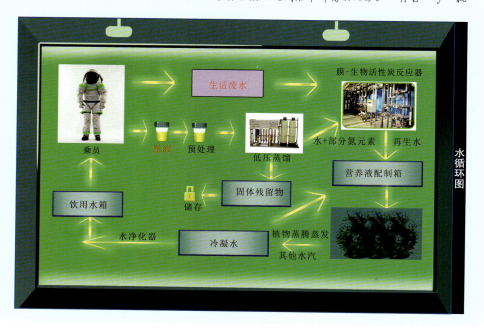

水循环图

巧妙地利用了植物的蒸腾作用。蒸腾作用产生的水蒸气又是怎么收集的呢？原来水蒸气遇冷就会变成水，这个过程物理上叫冷凝。"月宫一号"内有空气冷却系统，将植物蒸腾作用产生的水蒸气通过空气冷却系统转化为冷凝水。

冷凝得到的冷凝水还不够干净，里面可能含有悬浮颗粒物、有机物、细菌等，所以冷凝水是不能直接饮用的，因此"月宫一号"内还设有冷凝水净化系统，通过冷凝水净化系统，就可以获得干净的饮用水啦。那么您可能会问，冷凝水净化系统都有什么呀？这个可需要一点专业知识咯。空气冷却系统收集到的冷凝水要经过初滤、活性炭吸附、超滤和紫外消毒这些过程才能饮用。这些过程就可以去除水中的悬浮颗粒物、有机物以及微生物等，从而获得安全的饮用水。

但是志愿者还会不断产生尿液等废水，这些废水又是如何处理的呢？这个就稍微简单讲啦。这些废水经过复杂的净化处理，变废为宝，可以用来灌溉植物，而植物又通过吸收这些水维持自身的蒸腾作用，使得舱内的水能一直循环。看完这些，您是不是明白了为什么在长达105天和365天的时间内都可以不从舱外向舱内输送水了呢？

在孤立系统中人和动物的关系

在太空孤立系统中人和动物的关系会变得很微妙，在筛选系统中为人生产动物蛋白的候选动物时，要对此有充分的了解和重视。猪、羊、鸟类、鱼类等体形较大的动物，因饲养数量有限，且人与它们有眼神的交流，人会对其产生感情，很容易对它们产生心理依赖，使得在需要宰杀食用时，心理上无法接受。即使是微小型动物，如果数量很少，人也会对它们产生心理依赖。

俄罗斯的BIOS-3系统在其180天密闭实验期间，就发生了这样一个真实的故事。BIOS-3系统是没有动物的"植物-人"二环系统。但是在实验开始2周后，舱内来员发现了1只小蟑螂，他们兴奋不已。这个平时人人厌恶的小强，在这里变成了3个大男人的宠物。他们每日叫它名字，和它聊天，给它喂食。

突然有一天，小强不知被谁踩死了，他们悲恸不已，扬言要找出凶手严惩。其中2人发现另一人没有他俩伤心后就认定是其踩死了小强。舱外负责人赶紧调解。舱内人员提出，可以原谅踩死小强的人，但必须从舱外再送进一只小强。而这是实验不允许的。舱外专家派一位院士和舱内谈判。院士问："你们确定想要再送进去一只小强吗？"舱内回答："确定！"院士说："要想好了噢，原来的小强是和你们一起进舱的，是亲的。再送进去的可就不是亲的了啊？"舱内的人有点懵："是啊！不是亲的了，咱要它干啥呢？算了，不要了！"舱外面的专家松了一口气，风波总算平息了。从这个故事可以看出人和动物之间的复杂关系。

早在2005年，北航刘红教授从自己少年时期饲养小动物兔子和蚕的感受中悟到，饲养蚕等昆虫，因为饲养数量大，人不会对它们建立心理依赖。而且中国有几千年的食蚕传统，安全且营养丰富。这是选择昆虫作为系统中候选动物的最重要原因。

太空生存

航航跟蓓蓓嘀咕说："回到地球咱们一定要再去看看。有个'月宫一号'微信公众号，你加关注了吗？那上面有详细的关于北航'月宫一号'的介绍。"

"接下来，让我们一起体验在月面上行走的滋味吧。

在月球上跑跳的感觉好奇妙啊！

首先你们得穿上太空服，这样才能从'月宫'八号出去。"

成人的太空服没有他们小太空服好穿，教授比蓓蓓和航航穿得稍微慢一些。等教授穿好了，他们三个人在机器人的带领下走出了"月宫"八号。

"月宫"内生机盎然，"月宫"外却不是那么绿油油的，能从远处隐约看到其他的基地错落有致地排在一起，偶尔还能看到一些在外面工作的人们或者游客，大家都穿着太空服，因此从远处看都一样。

很快，蓓蓓和航航就找到了自己的乐趣——在月球上蹦蹦跳跳，有趣极了。因为月球吸引力小，只有地球的六分之一，所以人到了月球会变得特别轻，可以跳得很高。"如果在地球我也能跳得这么高，我就是世界冠军了，嘻嘻。"航航想。

"怎么不见天变黑啊？"蓓蓓问。

月月回道："因为我们正处在月球的月昼期啊。地球绕轴自转一周叫作'一天'，时间约 24 小时。那么，月球上的'一天'又该有多长呢？月球是地球的卫星。它在绕着地球公转的同时，也在不停地做自西向东的自转运动。所以，月球上也有太阳东升西落的现象。不过，这跟地球上日出和日落的情景完全不同。在月面上，黑夜和白昼的交替非常突然。看不到地球上所能见到的'晨昏朦影'（在日出以前和日落以后的相当时段，天空仍然很明亮，这种状态叫晨昏朦影）。这是因为月球上没有大气散射阳光的缘故。在月球上看太阳东升西落，需要很长的时间。在地球上，早上 6 点钟，太阳从东方升起，到正午 12 点升到中天，其间只需 6 个小时；再从中天慢慢西移，直到落下地平线，也仅需 6 小时；在经过 12 小时的黑夜之后，第二天又从东方升起，开始了新的一天。但在月球上却不是这样。在月球上，太阳从东边升出'月平线'之后，要经过 160 多个小时才能升至中天；从中天移至西边月平线落下，又需 160 多个小时；再经过 320 多个小时的黑夜，才算一个'昼夜'。这就是说，月球上的一个昼夜（习惯上所说的一天），大约是地球上的 4 个星期左右。确切地说：

地球上的一昼夜是 23 小时 56 分 4 秒（简化为 24 小时），月球上的一昼夜则长达 27.32 天（阴历的一个月）。而且我们住的月宫旅馆地处月球的北极，是永久光照区，没有黑天的，这保证了我们有持续的太阳能可利用。"

最令蓓蓓和航航感到意外的是看到了一个超大型的足球场，上面铺着人造的草皮，球门相距要比地面远很多。

在月球上，足球运动员以同样的力量踢球，球飞出的距离可能比在地面上远六倍，因而月球上的足球场理论上应该比地球上大六倍，球门也要大六倍。由于没有大气，在月球上踢球要特别准确才行，稍有失误就可能导致数十米的偏差。在月球上踢球要尽量避免冲撞，稍有冲撞就可能将对方球员撞出好几米远，当然这也增加了比赛的乐趣。裁判就比较好玩了，他使有大的劲吹哨也没有用，因为没有大气作传导，球员根本听不见，扯开嗓门喊也没用，必须通过无线电才能指挥球员，并让观众听见。当然，每个球员还必须穿上月球服上场，月球服必须配备有供氧、调温、通信等系统。这时还没有人来踢球，不过蓓蓓和航航倒是跃跃欲试呢，刚好前面放了个足球，蓓蓓和航航试着踢了几脚，其实这个足球要比地球上的重很多，但是蓓蓓和航航并没有感觉到有多大的区别，就是人一跑感觉像要飞起来，特别有意思。

接下来，机器人又带着他们三个人依次参观了月球上其他的一些景点。比如月球背面，那可是我们在地球上无法观察到的月面；月球上一处太阳永不落的山峰，在那里可以欣赏太阳和地球；月球工厂和农场，植物在这里上生长得也特别好，太空园丁在月球植物工厂种植了各种粮食、蔬菜和水果，"月宫"里还饲养了黄粉虫等各种小型动物为人提供动物性的食物。经过几十年的建设，人类已经几乎可以在月球上自给自足了。

教授看了看时间，对兴趣正浓的蓓蓓和航航说："好了，我们去下一站——火星吧。"

来一场月球足球赛

第 4 章　火星遨游

火星探测的意义是什么？火星上的环境是怎样的？人们在火星上如何生存？人们长期在封闭孤立的环境中有什么样的生理和心理问题？如何解决？

离开月球，即将开启火星之旅了，航航早已激动得坐立不安，蓓蓓则认真默背教授讲的注意事项，虽然表现得像个小大人，内心还是小小紧张的，回想起早上临出发前，特意酷酷地甩给妈妈的话："老妈，我今天出趟远门，为你摘颗星星回来！"

"你说火星会有土豆吗？"航航翘着脑袋问。

"也许有吧……有了生物再生生命保障系统，火星就不再是荒野了。"蓓蓓说道。

教授听到了蓓蓓的回答，补充道：

"植物在生物再生生命保障系统中可以为人类提供新鲜的空气、洁净的饮用水、富含营养的食物和必需的精神慰藉等，是长期载人空间飞行任务中必不可少的组成部分。"

植物界的"房东"与"房客"

想必大家已经了解到微生物是"月宫一号"内隐秘的居住者，这些微小的生物们生活环境可广泛了，在空气、水、土壤等环境中都能愉快地生长。因此，在植物的叶际和根际也会生存着大量的微生物。

植物与微生物之间的关系是什么样的呢？也许可以这么形容：植物是"房东"（host），微生物（microorganism）是"房客"。这些"房客"可以很快地繁殖下一代，数量嗖嗖地增长。而作为"房东"的植物，自身却很难避免和去除这些种类繁多的微生物。其实，在大部分情况下，"房东"和"房客"之间的关系和谐融洽。这是因为，作为"房客"的微生物因种类繁多而具有多种功能，比如参与营养物质循环、产生植物生长激素以及抗菌物质（以抵抗有害菌的入侵），这些功能可以促进植物更好地生长。因而，这些具有功能性的微生物可以说是植物的第二个基因组（second genome）。

"房东"的类型、生长阶段、健康状况，还有往外送的"礼物"的成分，都会影响"房客"的构成，导致某些种类的"房客"增加或者减少。而不同的"房客"构成，又会反过来影响"房东"的外在表现。

然而，如同社会一样，存在着一些"坏蛋"，会对植物使坏，使植物患病甚至死亡；相应地，必然也会存在一些有益的"房客"会帮助"房东"对付这些"坏蛋"。而这个相互作用关系又是怎样的呢？

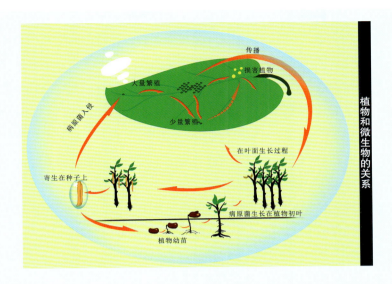

我们知道流行性感冒是由流感病毒引起的疾病，那类似的，植物的病害是不是也是由病原菌引起的呢？嗯，是的，植物病原菌（plant pathogen）的过量生长会引起植物的病害发生。

植物病原菌可以从植物叶面和根部入侵宿主植物，它们还能够躲在植物种子里面。当条件适合时，这些病原菌开始大量生长，从而导致植物病害的发生，严重时甚至会导致植物的死亡。这些病原菌并不是固定在某处上不动的，它们会随着空气的流动而到处溜达，寻找"猎物"并伺机占领之。

植物病原菌会导致植物的不正常生长或者死亡，这必然会影响其他微生物的生长环境，那其他的微生物就不乐意了。所以，就有一些微生物与植物联合起来，保护它们的"家园"，我们称这类微生物为植物生防有益菌（plant beneficial microorganisms）。这类有益菌不仅能够产生抑制病原菌生长的物质（pathogen inhibitory compound），还能够诱导植物的抗病性（induce resistance, IR）。在植物受到病原菌的入侵时，植物开始召集这类有益菌，与有益菌联合来对抗病原菌。

除了这两大类微生物外，还存在着很大一部分的共生微生物。它们对植物或者病原菌不产生直接的影响，属于那种看戏不嫌热闹的家伙。当然了，并不说它们完全不起作用。这类微生物通过代谢产物或营养物质消化等来影响其他共生微生物的生长，这些共生微生物之间复杂的相互作用会形成多种多样的环境，而这可能会间接地影响植物或者病原菌。

这样看来，微生物虽然是小小的生物，可是它们的世界也很复杂热闹呢。

　　"土豆不仅富含膳食纤维，营养丰富，还有耐储存的特点。但在我国，土豆很多年来都只被人们作为'蔬菜'来食用，所以在我国的生物再生生命系统中为了照顾中国人的口味，起初未将土豆列入宇航员的主食。最近几年，随着中国人越来越喜欢土豆，土豆已经在中国的生物再生生命系统中占有一席之地。目前，世界上诸多国家将土豆当作主粮，比如欧洲国家人均年消费量稳定在50~60千克，俄罗斯人均消费量达到170多千克。我国政府已将"土豆主粮化"。土豆生长环境要求不高，可不与小麦、水稻、玉米三大主粮抢水争地，且产量高，能够开辟保障国家粮食安全的新途径。"

　　"刚刚离开月球，趁着还没到达火星，趁热打铁，咱们一起复习复习月球的知识，你们俩也可以将自己的想法说出来。"教授提议道。

　　教授问道："你们知道我们人类第一位登月的宇航员是谁吗？"

　　"阿姆斯特朗！"

　　"美国宇航员阿姆斯特朗！"

　　蓓蓓和航航异口同声。

　　教授这时候转换了舱室的布景，由刚才的休息场景变为图书馆阅读场景。教授点取了一本电子书刊《探月简史》，3D屏幕上展示出一张张登月图片，"2013年12月2日，中国'嫦娥'三号在'长征'三号乙运载火箭于西昌卫星发射中心发射升空并准确入轨。12月14日，'嫦娥'三号成功落月，标志着中国正式成为世界上第三个掌握探月技术的国家。同学们，任何一项伟大的工程的伟大所在并不止在于它的艰巨性，还在于它的创新性。尽管那时科技还没有我们今天这样高的水平，月球资源的利用似乎遥远到无法预期，但科学家从不怀疑这一天的到来。科学家们把可能开发利用的月球资源大致分成3类：第一类，高位置资源。'站得高就望得远'，目前的通信、气象、资源等应用卫星都是因为拥有高位置而发挥作用，月球比卫星更'高'，从那里回望地球必然有不同效果。第二类，微重力和高真空环境资源。重力只有地球六分之一而且没有磁场的月球，生产新型合成材料或生物药品，可获得混合非常均匀的产品。由于月球没有大气，以月球为基地观测宇宙，用 40 厘米直径望远镜的观测效果就相当于地球 8 米直径的望远镜。第三类，矿产和能源资源。已经发现月岩中有 100 多种矿物，其中有很多是地球稀有矿物。21 世纪初，有人预计，全世界煤炭还能开采 100 年，石油 70 年。核电需要的铀矿，按当时的发展速度仅能用 50 年。如果利用核聚变发电，氦 –3 是最安全最清洁的能源，然而地球上的氦 –3 仅有 15 吨左右，尚不能支持美国半年的用电量。月球上的氦 –3 最保守估计可供全世界开采 500 年。"教授已经关闭阅读模式，场景再次回到刚才的休息室。

蓓蓓开心地望向天空，飞船穿越美丽的浩瀚星海，仿佛进入到梦幻的世界。这就是自己儿时的梦想啊，成为一名优秀的女航天员，驾驶着飞船，遨游太空！突然一道流星闪过，蓓蓓赶紧拿起自己的迷你相机，拍了几张。心想：哈哈，这次真的是摘了颗星星呢，回去一定要给妈妈个惊喜，让她看看外太空的神奇美景！

浏览到相机里的第一张地球的照片，王嘉航凑过来，"蓓蓓，你这张地球的照片拍得还真有技术含量，都能当《星球》杂志的封面了。"

"这得感谢上学期的摄影老师，他可是国际摄影协会的高级会员，开课时网上在线人数都高达 20 亿。通过虚拟现实，我们实际操练来学习摄影。每次课程审核，我都怕自己的作品被 PASS 掉。还好，我上次的主题比较新颖，要不然真过不了。"蓓蓓这边又浏览起照片来。

"蓓蓓，原来你上的是那个课啊，怪不得上学期你学分这么高。唉，你用的什么主题啊？"

蓓蓓转过头来，看到王嘉航一脸认真的样子，长舒一口气：

"这可有得聊了，正好跟咱们的火星之旅有关，咱们到火星还得一会儿，我先跟你聊一会儿。"蓓蓓关掉相机，摁了下座椅按钮，调了个舒服的姿势。

"我是拍了一个系列作品，主题是太阳系行星探索。平时看《星球》《探月》《火星家园》比较多，教授又没有强制要求，我就大着胆子去做了。我去了美国、

固废转化小精灵

微生物是一切肉眼看不见或看不清楚的微小生物的总称。人们通常要借助光学显微镜或者电子显微镜才能看清它们的形态和结构。微生物包括原核生物、真核生物（原生生物、真菌）、非细胞生物等。原核生物包括细菌、蓝藻、放线菌、支原体、衣原体、立克次氏体等；原生生物包括原生动物（变形虫、喇叭虫等）和原生植物（衣藻等）等单细胞真核生物，真菌有酵母菌、霉菌、木耳、蘑菇等；非细胞生物主要包括病毒和亚病毒等。

微生物在人类的生活中起着至关重要的作用。有些微生物可以为人类创造价值，被广泛地应用在食品和制药行业，例如面包、乳酪、啤酒中的酵母、抗生素、维生素、各种酶的生产都需要微生物的参与；还有一些微生物会扰乱社会，如埃博拉病毒就是一种危害人类健康的微生物，它是一种能引起人类和灵长类动物产生埃博拉出血热的烈性传染病病毒，致死率高达50%~90%。埃博拉病毒的名称出自非洲扎伊尔的"埃博拉河"。感染后的典型症状和体征包括突起发热、极度乏力、肌肉疼痛、头痛和咽喉痛，随后会出现呕吐、腹泻、皮疹、肾脏和肝脏功能受损，某些病例会同时有内出血和外出血。

而有这么一群微生物在"月宫一号"中发挥着非常关键的作用，它们就是废物处理转化中的微生物。

这些微生物可以被比作小精灵，每天都在勤劳地工作着，它们的主要任务是处理"月宫一号"产生的固体废物，把这些固体废物转化为有用的再生资源。具体处理过程如下："月宫一号"里产生的植物秸秆和舱内人员排泄的粪便按照一定的比例混合在一起，加入能够降解纤维素的微生物菌群，这些微生物以真菌和细菌为主，它们之间协同作用，在一定的温度和湿度条件下共同降解秸秆纤维素。通过一段时间的降解发酵作用，这些秸秆和粪便的混合物就合成为一种肥料，这些肥料可以用来种植各种植物。在混合发酵的同时，会产生大量的二氧化碳气体，二氧化碳还可以作为植物光合作用的原料，为植物生长提供充足的二氧化碳，保证了舱内人员的食物供应。

"月宫一号"舱内降解秸秆的微生物不仅处理了秸秆和粪便，还将其转化成了肥料，同时发酵过程中产生的二氧化碳为植物光合作用提供了原料，在"月宫一号"中起到了至关重要的作用，不愧是废物处理转化的小精灵。

俄罗斯、日本、德国、法国还有我们国家的航空航天博物馆，搜集了大量素材。"

　　"在搜集素材的过程中，你一定对星球探索了解不少吧？给我们讲讲火星探索的历史吧，蓓蓓！"航航一脸崇拜地望着蓓蓓。

　　蓓蓓平时喜欢自己去探索新鲜事物，很少跟航航这样一起交流，一时开心不已。蓓蓓就调出自己云盘里的素材，给航航细细讲来。

　　"20 世纪到 21 世纪初，科学家们一直认为，生命的起源跟演化是宇宙中

去火星的途中抓紧复习月球知识

的普遍现象，浩瀚宇宙中不应该仅有孤单的地球生命存在。科学家们一直在孜孜不倦地寻找着地外生命，而火星就是那个最有可能发现它们的地方。1976年，美国宇航局的'海盗'1号和'海盗'2号探测器成功着陆火星，但却没有发现任何有机化合物和生命的迹象。其后近20年时间里，美国没有再发射新的火星探测器。直到1996年，NASA宣布在来自于火星的陨石'艾伦－希尔斯84001'中发现含有火星细菌化石的证据，火星生命才又一次引起人们的兴趣。这张照片就是那块陨石，你看……"

这时教授看到他俩在开小会，也加入进来。

教授知识渊博，他俩争着问教授问题，教授回答了几个问题之后，微笑着说："既然你俩对火星这么感兴趣，我们一起翻阅咱们的星球简史吧，带着兴趣学习，大家一定能受益匪浅。"说话间，大家已身处图书馆阅读模式，教授找到一个资源库，点击进去，自动化教学模式开启。

科学家们认为，早期的火星有着可供生命开始的条件和材料。即使到了今

美国 NASA 研制的火星探测器

来自火星的陨石

天，火星上有的地方仍是"可生存"的。根据火星的探测器搜集到的资料，科学家们认为，火星在过去是富水的、温暖的和潮湿的，并有厚厚的大气圈，具有可能维持生命的环境。火星大气中还发现了氮气，这对生物的形成也有重要意义。关于火星峡谷的照片也表明曾有大量的水侵蚀火星表面。21 世纪初科学家们在火星上发现了固态的水。水是生命之源，它不仅是生命化学反应必备的一个要素，更是传送营养、排泄废料的必要通道。科学家认为，有固态的水，就有可能找到液态水，进而就有希望找到适合于生命存在的环境。

其次是在火星上发现了甲烷。2009 年 1 月 15 日，美国宇航局的科学家发现火星表面有一层甲烷气体形成的薄雾。而 2004 年欧洲航天局的"火星快车"号探测器也曾发现过火星上的甲烷迹象。科学家认为，甲烷气体可能由生活在火星表面数千米之下的微生物所产生，那里的温度或许可以保证液态水的存在。有的人甚至相信，这些"火星生命"如今一定还活着，否则火星的大气中将不可能有持续不断的甲烷。

为了一探究竟，世界各国陆续规划了探测火星的项目。美国宇航局推出的"火星科学实验室"计划，2012 年夏季探测器登陆火星，其主要使命是寻找火星上过去和现在是否存在微生物等生命迹象。而欧洲的火星生命探测计划"ExoMars"，其登陆火星的探测器上载有一个"漫游"机器人，携带一系列研究宇宙生物学的仪器，目的也是探测火星上可能存在的生命。俄罗斯则在 2011 年 11 月，成功完成了代号为"火星 –500"的长达 520 天的载人航天地面模拟登陆火星实验，其目的是研究在漫长的火星旅途中乘员的心理问题和多

太空生存

元文化之间的冲突，向着人类飞向火星又迈进一步。

蓓蓓和航航还沉浸在图书馆的阅读环境中，意犹未尽，教授继续微笑着补充道："近半个世纪以来，全球各国不再单独搞研发，因为单独搞研发不但耗资巨大，而且信息闭锁。由美国、俄罗斯、中国、欧盟牵头，全球合作，共同开启了人类大合作探月球、探火星的新纪元。科技力量有了突飞猛进的提升，星球计划工程有了重大突破，我们人类成功建造了月球基地和火星基地——'火星宫'，也就是我们下一站的目的地。教授话音刚落，飞船已经开始减速，语音提示，飞船即将着陆。

火星快车探测器图

"就快到了，瞧，前面有颗橙红色的星球。"教授说，"那就是我们这次旅行的终点站—— 火星。它的许多特征与地球近似，如果按离太阳由近及远的顺序，火星为第四颗行星，距离太阳22 794万千米，约为日地距离的1.5倍。火星自转一周比地球多半个多小时，所以和地球的昼夜长短基本差不多，而且像地球一样有着一年四季的变化，但绕太阳公转周期不同，火星的一年几乎等于地球的两年。更重要的是，人们在火星上找到了水源。"

蓓蓓这会儿也忘了刚才的摄影话题，赶紧做好准备，开启座椅的太空服按钮，这时语音提示两手搭座椅扶手，两脚放置踏脚板上，头紧靠椅背。只见座椅开始变形变软，直立起来，蓓蓓身体陷入座椅中间，仿佛被拉入到睡袋中，再睁开眼，头部靠枕已变形为太空服头盔，身上已穿上特殊材料的太空服。往旁边一看，王嘉航他们也都穿上了太空服，场景变换成了普通轨道舱模式。

让我也看看你都拍到了什么！

耳边又传来熟悉的女声语音提示："飞船着陆，轨道舱门即将开启，进入外舱。"

随着轨道舱门的缓慢开启，大家整齐排好队，教授带着大家，进入外舱，外舱室是缓冲舱室，外舱门开启，大家终于踏上心驰神往的火星。

蓓蓓当然没忘了拍照留念，蓓蓓一个字一个字小心吐字："请开启照相机，视线坐标：50，120，300。全景模式。"

2秒之后，眼前面罩呈现刚才自己踏上火星的左脚印，蓓蓓心满意足地看着这张照片，轻吐一口气："保存，关闭。"原来自己平时走路是先迈左脚啊，不知道中国第一位宇航员探索火星的时候是先迈的哪一只呢？

航航他们借助密封的火星漫游车游览火星的景点。这时，车上导游机器人小火星跳了出来："欢迎你们乘坐火星漫游车，这是专门设计来应对严酷的火星环境的。现在我们行走在火星上，我来为你们介绍一下这个星球吧。"

"很多年以前，人们就开始探测火星了，因为他们发现在太阳系中，火星是和地球最相似的星球了，你们知道这是为什么吗？"

"这个我知道，因为火星上有水！"航航抢先答道。

"还有大气层！"蓓蓓补充道。

"你们俩说得都对，早在大半个世纪以前，人类就发现火星上有水存在的有力证据了，但是由于经济和其他方面的原因，人类的研究进展十分缓慢，直到30多年以前，由于地球人口的巨大压力，人类不得不未雨绸缪，他们又重新加大对火星的投入研究，开始了宏伟的火星改造计划。"

"火星一直被认为是太阳系中除了地球以外最适合人类居住的星球。首先，火星的温度相比其他星球更适合人类。平均温度在 -40℃左右，但是人类可以居住在火星的赤道附近，平均温度在冰点左右，夏季最高可以达到20℃。而你们刚才去过的月球，它的昼夜温差超过了200℃。其次，虽然火星大气层主要成分是二氧化碳和少量氮气，但是至少可以阻挡一些来自宇宙中的辐射和小陨石的撞击。如果像月球一样没有大气层裸露着，就会被任何宇宙辐射源所辐射。再加上火星的风暴，可以利用其作为电能的来源。最后，火星的两极存在有大量的冰。在远古时期，火星的温度比现在暖，水曾经以液体的形式存在过。火星有大量的远古干河，后来火星慢慢变冷了，在两极的降雨就凝固而全部留在了那里。火星上的生命保障系统可以利用火星上的水资源。"

"现在月球的主要功能定位是一个为地球提供能源的场所，上面那些生命保障系统的主要作用也是基于这个前提而建设的。"

"而火星是地球人的移居地，这里的人们都是移民过来的，生命保障就建造得更加舒适，更加接近我们地球的环境了。目前，火星上有两个基地，

▶ 火星冰期

它们就在我们的前方。"

火星车将航航一行人接到火星基地，远远地他们就看到几个字"火星宫"。"火星宫"内部像"月宫"中一样，绿植环绕，生机勃勃。生物再生生命保障系统也是火星基地生命保障的核心技术，正在形成火星生物圈。

"虽然我们在火星上找到了水，但是我们火星基地中依然要循环再生利用水。水资源都是有限的，我们必须节约利用、科学利用，才能可持续发展。不能再重蹈地球生态危机的覆辙。"教授语重心长地说。在很多年前，人类经历了一场严重的水资源危机，直到后来海水淡化的技术突破瓶颈才有了转机，教授对当时的情况仍然心有余悸。

蓓蓓他们连忙点头称："是的，是的，我们要从我做起。"

现在地球的环境已经比之前好很多了，不论是发达国家还是发展中国家都在生态保护上取得了长足的进步，人类的能源大部分来自月球提供的核原料，海水淡化的工厂如雨后春笋般遍布大地，人工智能的发展已经大大降低了这些工厂的运营成本，体力劳动者越来越少，人类的创新意识达到一个前所未有的高度。

火星基地建设的意义就像人类文明接触其他星球文明的前哨站一样。

蓓蓓和航航还想继续了解关于火星的点点滴滴，就在数字桌面上搜索着相关参数：

——火星的大气：稀薄，气压 700 帕（是地球大气密度的 0.7%），其中，95% 的是二氧化碳，2.7% 的是氮气，1.6% 的是氩气，0.13% 的是氧气，0.03% 的是水蒸气，少量甲烷及微尘。

——火星云层：主要是二氧化碳，无臭氧层，因此宇宙射线辐射较强；火星上经常刮风暴，沙尘满天，此起彼伏，风速可达 180 米每秒。

——火星温度：火星表面尽管有温室效应，但是由于空气较稀薄，因此，白天 –12℃，晚上 –76℃，平均 –32℃；夏日中午短时可达 29℃ 以上，冬夜在 –125℃ 以下。

而乘坐的火星漫游车乘客舱由多层舱壁包裹，即使车体最外层受损，舱内

气压也不会降低。散热翼片有助于控制舱内温度，太阳能板为车内提供电能。

　　他们正准备再看看这个他们到达过的最远的星球，突然发现火星到处是绚丽的橙红色，连天空都泛着些许的红。

　　"好美啊！"航航忍不住赞叹道。

　　进入到"火星宫"中，在气闸舱，大家脱掉了太空服，穿过风淋室，进入"火星宫"内部。小火星继续给大家做"火星宫"知识的讲解。想到刚才蓓蓓说的摄影主题，航航赶紧抢着问："在火星上人们的生理和心理健康是怎样保障的？"

　　小火星耐心地做出解释："火星和月球基地目前使用的生命保障系统基本相似，在我们的基地中还纳入了智能生理健康在线监测系统和心理健康调控系统。"大家跟随小火星来到一处视线明亮的屋子，屋子的墙壁采用的是立体照明，呈现的是一处院落的小景观，远处是傍晚的斜阳，屋内布置着几处白色圆桌和椅子，桌上摆放着鲜花和水果。

　　"这是要喝下午茶吗？"王嘉航觉得蓓蓓一定是饿了，才冒出这么一句。

　　"哈哈，同学你说对了，在地球上，我们现在的时刻正是下午茶时间，如果科学家们想休息，就可以过来体验下午茶的美好时光，还有地球的实时晚报奉送哦，不过是电子的，呵呵。"

　　蓓蓓觉得这个小机器人要开启卖萌模式了。

　　"在封闭的空间内，全部采用人工照明，由于无窗而隔绝了室外昼夜时间变化的信息。人们也无法通过窗户在白天看到室外的高亮度景观。按一般照明标准所取的照度水平往往是根据工作性质按视功能需要而确定的。它确可满足工作的生理要求，但对人的心理要求，特别是对白天而言是远远不足的。使用者在白天将感觉处于夜间的状态，这与人的生物钟机制相矛盾，将导致产生朦胧感和不愉快心情，从而影响到情绪和工作效率。因此，对封闭的室内进行照明设计时应尽可能有适当的昼夜区分，特别是在白天的时间应适当提高照度和选用色温较高的光源，以适应人的生物钟调节的需要。这个房间只是其中一间，采用的是模拟日光变换的照明模式，不但有一天的日照节律还有四季的变换。如果想体验雨雪天气，这也是可以有的呢。"

火星宫的场景全景图

小火星刚要继续，航航就提出一个问题：

"什么叫节律啊？人体也有节律吗？那在这里和月球上是怎样实现的呢？"

"哎呀，你都不按套路提问，人家准备的科普宣传稿都要重新归档了。"小火星露出一副好愁苦的表情，航航还以为难住他了，哈哈笑起来。不过只见小火星手舞足蹈地在自己身上输入一番代码之后，又开始了他的科普解答："既然大家都对这方面那么感兴趣，我刚才联系了月球的小月月——我的好兄弟，调研了月球那边的生命保障系统，给大家做一个详细的解答哦。"

"首先解释一下生物节律的概念。每个人从他出生之日直至生命终结，体内都存在着多种自然节律，如体力、智力、情绪、血压、经期等，人们将这些自然节律称作生物节律或生命节奏等。人体内存在一种决定人们睡眠和觉醒的生物钟，生物钟根据大脑的指令，

火星上的"情绪生态屋"

调节全身各种器官以 24 小时为周期发挥作用。航航你明白了吗？"小火星一脸认真地望着航航，航航似懂非懂地点了点头。小火星满意地继续："人们长期处于单一光源下，生物节律容易紊乱、视觉简单反应时间延长、记忆能力下降、舒适感降低，易疲劳、工作效率降低。日光中有人体所需的紫外光和红外光，人体内所需的维生素 D 的 90 % 以上均是经日光中的紫外线照射后由皮肤生成的，仅有小部分 (<10%) 来源于食物。日光中的红外线具有活化组织细胞、促进血液循环、调节新陈代谢、提高人体免疫力等作用。由于缺少日光照射，乘员面临维生素 D 缺乏、新陈代谢紊乱、免疫力下降等问题，对乘员的工作能力和生活状况产生重要影响。我们的基地建设的时候考虑到这些问题，不应该只局限于量化指标（影响光环境的物理量），更关注了光的非物理性指标。光环境对人的行为、感情、思想等方面都会产生影响。在光环境中，可见度是展开视觉活动的基础，可以通过视觉来认识和评价环境，从而影响人在环境中的情绪以及氛围等情感反应，这些都是人们在光环境中最重要的生理和心理需求。"

"火星基地舱室工作场所使用的光源可采用白光 LED 灯，白光可模拟不同季节日光变化，对人的生物节律起唤醒作用。乘员生活间还应提供红外光源和紫外光源。紫外光源采用波长为 280~315 纳米的中波紫外光，对合成维生素 D 有促进作用。工作场所紫外辐射每日接触不得超过 1 微瓦每平方厘米（14.4 毫焦每平方厘米），建议每次辐照时间为 15 分钟；红外光源采用 8~14 微米的远红外光，这个在医学界统称为"生育光线"，对生命的生长有促进作用。光源安全设置范围在 20~45 瓦，每次照射时间控制在 1 小时以内。"

蓓蓓观察了一下这里面的灯光，还真是跟家里的不一样，不同的场所采用的光照都不是单一的，这一会儿 20 多分钟的工夫，刚才那个夕阳的房间，太阳果然又下沉了一些。不知道妈妈是不是下班了，看来今天是回不了家吃饭了。想着这个问题，蓓蓓脱口而出：

"小火星，现在该到饭点了吧？今儿晚上吃点啥？"

"哈哈哈哈，刘佳蓓，你果然是个吃货！"王嘉航带头大笑起来，蓓蓓这时候也有点不好意思，怎么一不小心就问出了这么毁形象的问题呀！

小火星看了看脸红的蓓蓓，走过来几步，握了握蓓蓓的手腕好像安慰了她一下，然后开口道："蓓蓓同学，现在心率 90，血压 75/110，血糖偏低。嗯，心跳这会儿有点快，大家别再逗她了，她呀，这会儿血糖有点低，看来是有点饿了。"

"哇，小火星，你华佗再世啊，握一下手就能下诊断啊！"航航又开始斗嘴。

蓓蓓这时候也开始呛他："就说你没知识，平时能不能读点科普书啊，小火星是目前最先进的智能机器人，具备医疗在线监测功能，正因为小火星的高度智能化，所以现在基地里人们的工作和生活才无后顾之忧！"

只见小火星捂着发着红光的脸，换了一种卖萌声道："人家和小月月他们是一样的，我们智商一样，都是最优秀的。"蓓蓓觉得自己是不是夸他有点过了，一头黑线。"好啦，言归正传哈，我们确实好像该吃饭了……"

"……"不是说好的言归正传吗？你一个机器人需要吃饭吗？大家集体黑线……

小火星"噌、噌、噌"转到大家前面，给大家带路。刚转过一个小植物间，就碰到一名正要去就餐的科学家，他俩都赶紧上前合影，还要了科学家的签名，这下回去可以找其他班同学炫耀一番了。小火星则被冷落一旁，有点不开心。

教授为了节省时间，让蓓蓓和航航匆匆告别科学家哥哥，继续听小火星"讲课"。

小火星又打起精神，继续给他俩科普："当舱室长时间和外界大气隔绝时，其空气组分会发生较大变化，并产生多种污染物，这些污染物有的来自人员机体的代谢，有的来自基地舱室的结构材料、机械设备、油料涂料、制冷剂、灭火剂等的挥发与分解，有的来自食物的烹调与腐烂产物。随着密闭时间的延长，污染气体的成分与含量不断增加，使人员的居住环境恶化，严重影响人员的健康。科学家们从调控人员膳食和肠道微生态平衡、基地舱室内适用材料评价筛选及其预处理等方面着手突破舱室气体污染源头控制关键技术。"

"其中，饮食结构方面，通过北航'月宫一号'实验研究积累和'月宫一号'两次长期密闭实验开展的食谱和营养补充剂的研究，开发出一套健康科学的饮

食规程建议和一种营养补充剂，具备补充人体营养和减少污染性气体排放的功效；肠道微生态方面，研发出了微生态制剂，具备改善人体肠道微生态平衡且减少污染性气体排放的功效。"

　　"那我们吃的蔬菜水果是从刚才经过的植物间里获取的吗？那里打造得像个小菜园，好别致哦。"蓓蓓又开始浏览自己刚才拍的照片，这已是她多年摄影养成的习惯。

　　"刚才经过的那个小植物间叫情绪生态屋"，小火星又恢复了刚才的神采，"不要小看这个生态屋哦，不仅能净化空气，提供基地人们所需的新鲜蔬菜

火星宫中的晚餐，简单但健康有营养

瓜果，更是放松心情的绝佳场所之一。虽然我们有各种景观房，但毕竟都是人工建造的，而我们的生态屋更从嗅觉、视觉和触觉等各方面增加感官，能很好地调节情绪。我不开心的时候还来这里浇过花呢。"

"每个基地都有好多个这样的生态屋，它们是根据火星长期居住的时间和舱室环境特点设计而成的，筛选适宜的高产、短生长期的蔬菜品种，将火星壤进行生物改良，制备出了其适用的长效栽培基质。并且针对基地舱室内空间紧张的特点，科学家们研究出了适宜此环境的光照单元、通风单元、水的补给单元，还开发出了蔬菜高效栽培模块化生态屋，并且建立了生态屋的蔬菜栽培技术规程。"

"小火星还真会体验生活！"航航这会儿想着能吃到火星宫里的饭菜，赶紧附和小火星。

正说着就来到了"火星宫"的餐厅，今天的菜式竟然有新鲜的黄瓜和西红柿。蓓蓓点了一份西红柿汤和一份干煸黄粉虫，一份全麦面包。太空的食谱虽然简单了些，但是营养还是很均衡的。

教授又特别强调，让大家一定不要浪费食物。晚饭结束，大家的碗盘都干干净净，蓓蓓不禁打趣航航："航航，你这盘子都不用洗了。跟'月宫一号'的志愿者们学的吧，都是节约粮食的能手！"还对着他竖起了大拇指。

结束了晚餐，大家今天的火星之旅也就要结束了，他俩都找小火星合影，还说回去之后会给他发邮件，把小火星感动得稀里哗啦的。月球基地的小月月一听大家要走了，也激动地发来语音，说羡慕小火星能与地球的小孩做朋友，下次大家去，他一定一个人讲解，不让小火星参与进来，今天小火星的好多资料都是他一边搜索一边发送过来的呢。

不知不觉，今天的生物课之旅快要结束了。蓓蓓和航航他们依依不舍地离开了火星，在心里喊着，"如果有机会我们还要来一次火星！"

"月宫一号"中的饮食

很多人都很好奇，"月宫一号"的志愿者在那样一个密闭的系统中呆了105天和365天，他们每天吃的东西和喝的水从哪儿来呢？他们能吃得饱吗？他们喝的水干净吗？

扫码看视频

在"月宫一号"的两次试验中，分别种植了2种作物和35种作物。包括了粮食、蔬菜和水果。利用植物不可食生物量培养黄粉虫为人提供部分动物蛋白。志愿者收获粮食、蔬菜、水果，在系统中自己进行加工并食用。把小麦磨成面粉，制作成包子、花卷、馒头、烙饼或者面包。收获的各种蔬菜，或凉拌，或清炒成美味菜肴。志愿者在试验期间吃的肉主要分为两类：一类是舱内饲养的黄粉虫，另一类是外源提供的牛肉、猪肉、鸡肉等真空熟食。黄粉虫有时炒着吃，有时也会将它们炒干，磨成粉后与面粉混合在一起做馒头、包子。而外源提供的真空熟肉都要经过高压灭菌，各营养物质的含量、配比要符合人体需要。

"总厨"王敏娟说，通过烹调，黄粉虫没有任何异味，吃起来口味像薯条。最重要的是，它能为大家补充动物蛋白。

"月宫一号"实现了100%的水循环。植物蒸腾作用产生的冷凝水，通过净化和微量元素的补充，可用于志愿者的饮用和生活。"月宫一号"拥有着3套水处理系统，不仅保证了志愿者们能喝上安全放心的水，而且他们所产生的代谢废水也能得到净化后再循环。

怎么样，这下你清楚了吧？你想想看，整日与这些绿色植物相伴，一起床就能看见葱绿的麦苗和开着小花儿的蔬菜，一片"田园气息"，那心情自然是极好的！

"月宫一号"中，一般都吃"全麦"食品。全麦食品指的是用没有去掉麸皮的麦类磨成面粉所做的食物，比我们一般吃的精制面粉颜色深一些，口感也较粗。但由于保留了麸皮中的大量维生素、矿物质、纤维素，营养价值自然高许多。保持健康且美妙的身材，从吃全麦食品开始，今天不妨一起扫扫盲。

像绿色有机蔬菜一样，全麦粉已经成为众所周知的健康食品，可是市场上那些所谓的全麦面包，没有几个是真的全麦！其实，用"专业"的眼光瞅瞅，很多产品并不让你感觉粗硬，而是暄软可口，只是表面粘上少量的燕麦片，或点缀有一点小麦麸，而它们的褐色，其实来自于焦糖色素之类。如果再仔细瞧瞧配料表，就会发现，第一位赫然写着"面包粉"，第二位才是"全麦粉"，也就是说，精白粉的含量要比全麦粉多得多。

"月宫"全麦主食可能跟大家往日见过的甚是不一样哦！很多见过的朋友都会问："为

『月宫一号』中的一顿饭

黄粉虫

『月宫一号』中『蛋糕』

什么长那样呢？"因为"月宫"全麦主食那必须由实实在在、真真切切的全麦做成——有图为证（全麦馒头、全麦花卷、全麦小笼包，还有那全麦饺子），COME ON！开眼界啦！！

Show完后，请允许我来点儿干货，那就是全麦食品和我们的健康到底有哪些密不可分的关系呢？

全麦馒头营养价值远比白馒头丰富。对于一个成年女性来说，如果吃300克精白粉制作的馒头，只能得到一日所需的28﹪的维生素B1和24﹪的尼克酸；而如果吃300克全麦面粉制作的馒头，则能得到一日所需的93﹪的维生素B1和92﹪的尼克酸。虽然两者的淀粉含量差异不大，但全麦馒头的维生素和矿物质含量居然是白馒头的3~4倍！

全麦馒头耐咀嚼，能提供更强的饱感，有效帮助大胃口的女士减肥，对于女生来说，这是最有"诱惑性"的，绝对的福音哦！

全麦馒头血糖上升缓慢，能减少胰岛素的分泌，抑制脂肪的合成，非常有利于预防肥胖和糖尿病。

全麦馒头富含纤维，既能帮助抑制食欲，又能帮助清肠通便，对便秘的人很有帮助。其中的纤维和慢消化淀粉还能在大肠中促进有益菌的增殖，改善肠道微生态环境，对于预防肠癌很有帮助。

有没有心动哟？吃全麦馒头的理由，已经相当充足了吧！

回到飞船上，飞船舱室场景还是休息室模式，不过已转换成夜间模式。大家都不想睡觉，还在激烈交谈，王嘉航说最遗憾的是没有见到外星人，蓓蓓听着听着不禁进入梦乡。梦里，舷窗外下起了流星雨，教授说那是蓓蓓的星座——水瓶座的星云下起的流星雨，蓓蓓还偷偷许了个愿；妈妈也来了，坐在自己旁边，轻轻讲着小时候听过的嫦娥奔月的故事。好想跟妈妈说，自己都长大了，这个

故事一点都不遵循科学定律，蓓蓓的嘴角不觉轻轻扬起……

返程的舷窗边，他们出神地望着一个个星球，火星、木星、土星、金星、天王星、海王星……还有很多不知名的星球，不禁感叹太空太神奇了。

"看啊，我们的地球！"航航惊呼。

"好美啊！我们的地球好像太空中的一艘圆球飞船！"蓓蓓着迷地看着。

"确实如此啊！对于浩瀚的宇宙，地球就如一艘飞船，而地球生物圈就是地球的生命保障系统，生物再生生命保障系统，在这个系统中物质的不断循环再生才支撑了地球上生命的繁衍，生生不息。"教授遥望着地球深情地感慨着。

他们看得入神了，陷入了无限的遐想中，忘记了返回地球的时间。飞船的燃料快用完了，飞船响起了警报，机器人船长通知大家赶快系好安全带，做好准备，飞船要冲向地球。然后飞船就像离弦的箭一样向地球飞去，每个人都感

觉心快到嗓子眼了。到达地球时燃料只剩百分之五了。好险呢！总算安全返回地球了。蓓蓓和航航吓得一身冷汗，长长地出了一口气。

这趟旅程收获可真不少，他们详细了解了人类的太空探索发展历程，熟悉了空间站、月球和火星上的生存保障知识，亲身体验了这一切，蓓蓓和航航都觉得异常难忘。

他们暗下决心："我们要用在火星、月球上学到的知识为地球的可持续发展做出贡献。"

"好了，我们共同经历了一场太空之旅，你们感觉怎么样？"

"我们还想去一次！"两人不约而同兴奋地嚷道，央求着教授再带他们去一次。

"好……好……好，教授答应你们，有机会我一定再带你们去一次。你们回去是有任务的，查阅资料再结合你们今天的亲身经历，用小作文的方式阐述总结太空生存的相关原理和基本知识，写写你们的旅行感想，要非常详细才好哟！"

"好的！"他们两个人愉快地接受了这个任务。

"我一定写得比你好！"

"我才是呢！"两人争执着。

火星之旅后，他们两个的心中都播种下了一颗航天梦的种子！

第 5 章　航天梦

结束太空之旅后，小朋友们都有些什么感想呢？他们的梦想又是什么？来看看他们写给祖国的信吧！

　　新的一周开始了，教授见到了蓓蓓和航航，提醒说："上周太空之旅让我们获得了丰富的知识，我要检查一下作业的完成情况，请你们各自朗读一下自己的太空旅行感受。谁先来？"

　　蓓蓓抢答道："我先来！"

　　只见她慢慢地站起来，一本正经地读到：

　　"每个人都会有自己的梦想，当然我也不例外，我的梦想就是像航天员一样到一望无际的太空看看。没想到，我的梦想真的实现了，我坐上了'神舟'飞越了月球、到达了火星。我的下一个梦想是要坐上强动力的飞船穿梭在银河

系中，看看太阳为什么会发光发热；抓住彗星的尾巴，看看它里面究竟藏着什么亮晶晶的东西；再看看能否找到其他美丽又神秘的星系；我还要带着满怀期望的心到十二个星座上做客，看看那里的人们和我们有没有区别。我要告诉其他星球的人们：我们的地球是蓝色的，我们的人们是美丽善良的。"

"我还要把每个星系的语言写成一本书，好让人们熟悉更多关于星系的知识。"

"我们每个人都有或大或小，或能实现或不能实现的梦想，人人都会因为有了梦想而感到生活有了目标，有了追求，从而向着梦想前进。"

"我现在是一名共青团员，我有我的梦想。小时候我想当舞蹈家、音乐家、科学家，现在我非常想长大以后也成为一名去太阳系外深空探测的航天员，去探索浩瀚宇宙的奥秘。所以我想我现在一定要好好学习，空闲时多看一些书籍，多了解一些这些方面的知识，为我的航天梦打下坚实的基础。也许在不久的将来，'银河'号飞船中的某一位航天员就是我。我会为了我的这个梦想努力，早日实现我的航天梦。"

"有梦想才会有动力，让我们为实现自己的梦想而努力吧！"

"蓓蓓有个航天梦。非常棒！还有谁愿意分享？"

航航举着手，屁股早已经离开了板凳。

"航航，你说说吧！"

"读幼儿园时，我常跟着父母一起看《西游记》，每当看到孙悟空凭借腾云驾雾的本领，在人间与仙境之间来去自如，我会羡慕不已。常常幻想自己能长出一对翅膀，像小鸟一样，在天空中自由飞翔。日有所思，夜有所梦。晚上，我常梦见自己脚一蹬，就飞到仙境吃仙桃，飞到月宫去玩耍。这对于年幼时的我来说，是又香又甜的梦。我常手舞足蹈地把这个美梦告诉爸爸妈妈，他们总是说：'傻孩子，你想多了，你没有翅膀，怎么能飞上天呢？'那时，我多么渴望长出一对大翅膀呀！没想到，我的梦想真的实现了，我的心情万分地激动！"

"我写了一封信，是我写给祖国的信——"

亲爱的祖国妈妈：

您好！

中国——这个令人自豪的名字，在历经数次磨难后，依然以自强不息的脊梁巍然屹立在世界东方，繁荣、昌盛，一天比一天强大。

祖国是哺育我们的母亲，是生命的摇篮，我为自己是一个中国人而感到骄傲。

岁月流逝，时驰势易。中华儿女奋力拼搏，为建设好我们可爱的祖国呕心沥血，奏响了一曲曲振奋人心的凯歌。'天宫'空间站在天上翱翔，'月宫''火星宫'落户地外星球，实现千年飞天梦想……

我们是祖国的花朵，祖国的未来。在我们心中都有一双'隐形的翅膀'，能让我们的中国梦飞上蓝天，绽放绚丽。

我十分向往宇宙，必须说，我与星星有缘。打从我记事起，每到晚上，我就爱趴在屋檐下看星星，那一颗颗闪烁着微弱光芒的星星，究竟是怎么样的呢？后来，我长大了，通过学习'科学'这门课程，我才渐渐明白，地球是多么庞大，星星是多么可爱呀！了解了这些知识后，我才觉得，那些第一次登上月球、火星的宇航员们真是太了不起了！

我多么希望自己有朝一日也能成为第一位登上太阳系外的星球的航天员啊！

不过，我知道，要实现自己的梦想，不光要学好科学文化知识，还要有健康的体魄，光有念想，没有实际行动一定是不行的。所以，现在我的饮食、生活习惯都发生了变化。

为什么要实现我的中国梦呢？

我们中国，是一个拥有十几亿人口的大家族，每一个儿女心中，都有着一个小小的梦，一个个小梦连接起来，就是一个大大的梦，这，就是中国梦！实现中国梦，让中国和全世界都更加繁荣、富强，让人们过上更好的生活！

此 致

热爱您的孩子

"航航说得真好啊！"全班响起了热烈的掌声。

我们都应该有一个中国梦，航天梦！

今天下午，他们还有一项重要活动，就是……去位于首都北京的"月宫一号"博物馆参观！

2004 年 10 月我到了北航，心中大喜，我有可能实现我的航天梦啦！我要研究人类地外生存生命保障系统，给人类在地外"造"一个生态系统，在月球、火星上安个舒服的家！

说干就干。虽然梦想很美好，但现实很骨感。此时我只有一张实验台，缺场地和资金。但在我心中那个大大的梦想面前，这些都不算"事"。我开始了艰辛但充满激情和希望的科研之旅。队伍也在不断壮大，一批又一批的青年才俊加入到研究队伍中来，从只有我 1 人发展到了现在的 30 多人。我的研究团队，从一系列基础研究起步，建立了生物再生生命保障系统的基础理论和研究方法，解决了其中许多关键技术问题，形成了一套完整的生物再生生命保障系统设计构建方法。但是在这些技术应用到太空之前，需要集成这些理论方法和关键技术在地面上建立地基综合实验系统，进行一系列演示验证实验，对其逐步改进和优化，并探索和研究系统的运行与调控技术。

"梦想聚团队，团队铸梦想"。2013 年 10 月，我们集成所取得的理论和技术研制出地基综合实验系统——"月宫一号"。2014 年 5 月 20 日，"月宫一号"成功完成了我国首次长期高闭合度集成试验，密闭试验持续了 105 天，闭合度达到了 97%，循环再生 100% 的氧气和水以及 55% 的食物。在世界上首次成功实现了四生物链环的人工闭合生态系统的稳定循环，标志着我国此项技术达到了世界领先水平。2017 年 5 月 10 日，经过了升级发展后，"月宫一号"踏上了新征程，开始了"月宫 365"实验，挑战世界上时间最长、闭合度最高的生物再生生命保障系统实验——4 人 365 天密闭生存实验，以期研究清楚多项新的理论和技术问题，持续完善和发展保障人类在月球 / 火星等地外星球长期生存所需技术，在世界上引领这项技术的发展，为实现人类在太空长期驻留生活提供理论和技术支撑！

现在，世界上正掀起新一轮深空探测热潮。普通民众对于人如何在太空中

生存、如何建立星球基地等问题抱有浓厚的兴趣。"月宫一号"对广大民众特别是青少年产生了很大吸引力，而其知识涉及空间生命科学和工程技术、环境科学、生态学、植物、动物、微生物学等领域，具有综合性、跨学科等特点，具有相当的知识性和趣味性。科技创新和科学普及是实现创新发展的两翼，没有全民科学素养普遍提高，就难以建立起宏大的高素质创新大军，难以实现科技成果快速转化。因此，我提出了创作此书的想法，并得到了北京航空航天大学出版社的热情响应和北京市科委科普项目的支持。为了提高本书的趣味性，本书以"发生"在未来的星际旅行故事的形式，将太空生存的知识串联起来。其中除了空间物理以外所有涉及的知识都源于"月宫一号"团队十几年来的科研成果和正在开展的科学研究内容，以确保书中内容的科学性和准确性。通过本书，广大读者可以系统地了解人类进行太空探索活动中生命保障的相关知识，系统地了解生物再生生命保障系统的工作原理，进而深入思考地球生态系统的运行机制，以及自己在维持地球可持续发展中的责任和义务。

虽然在有些人看来，写这本书有点"不务正业"，但是我坚定地认为，科普工作是每一位科研工作者不可推卸的责任。因此，我不仅自己做科普，也带动团队的研究生们做科普。本书中的小知识都是在我的指导下，研究生们编写的，他们是：李乐园、刘慧、谢倍珍、付玉明、秦有才、刘光辉、邵玲智、孙伊、王伟、邓生达、於娟、董迎迎等。在本书的创作初期，研究生董琛和李博伟还帮助收集整理了大量素材。在此，对"月宫一号"团队热心科普工作的年轻人们表示衷心的感谢，更要感谢2005年以来"月宫一号"团队一批又一批的研究生们对本项研究工作的贡献，以及北京市科委和北京航空航天大学出版社的大力支持！

常常会有中学生咨询如何选择专业、研究生问如何选择研究方向。这里想说两句。14年过去了，虽历经沧桑、艰难困苦甚至非议，到现在，我们的这项研究工作依然能让我激情满满、热血沸腾、兴奋不已。如果某专业或者研究方向能长久地令你兴奋，想起它你就想偷着乐，它就是你的最佳选择。

"月宫365"实验于2018年5月结束，舱内的实验志愿者每周写一篇周记，实验结束，我们将整理并出版这些周记，敬请期待！

2015 年 1 月 1 日 "月宫一号" 团队合影

作者刘红在 "月宫一号"